MEMORY

하루 한

에노모토 히로아키 지음

신재은 옮김

소중한 것을 보존하는 기억의 신비

에노모토 히로아키

1955년 도쿄도(東京都) 출신. 도쿄대학(東京大学) 교육심리학과 졸업 후 대기업 도시바(東芝)에서 근무했다. 도쿄도립대학(東京都立大学) 대학원 심리학 전공 박사과정 중퇴. 추후 심리학 박사를 취득해 오사카대학(大阪大学) 대학원 조교수, 메이조대학(名城大学) 대학원 교수 등을 거쳐 현재는 MP인간과학연구소 대표이다.

주요 저서로는 『〈私〉の心理学的探求 〈나〉에 대한 심리학적 탐구』〈有斐閣〉, 『『自己』の心理学 아직도 찾아야 할 나: 자기의 심리학』〈サイエンス社〉, 『自己開示の心理学的研究 자기 노출의 심리학적 연구』〈北大路書房〉, 『〈ほんとうの自分〉のつくり方 〈진정한 나〉를 만드는 방법』〈講談社現代新書〉, 『性格の見分け方 성격을 구분하는 법』, 『気持ちを伝え合う技術 감정 전달의 기술』〈創元社〉, 『やる気がいつの間にかわいてくるたった1つの方法 동기가 샘솟는 단 한 가지 방법』〈日本実業出版社〉, 『仕事力を2倍に高める対人心理術 업무 능력을 2배로 높이는 대인 심리술』, 『『上から目線』の構造 '거만함'의 구조』〈日本経済新聞出版社〉, 『記憶はウソをつく 기억은 거짓말을 한다』〈祥伝社新書〉, 『つらい記憶がなくなる日 힘든 기억이 사라지는 날』〈主婦の友新書〉, 『記憶の整理術 과거를 바꾸고 미래를 만드는 좋은 기억의 힘』〈PHP新書〉 등이 있다.

MP인간과학연구소
mphuman@ae.auone-net.jp

일러스트 시노노메 미즈오

• 일러두기

본 도서는 2012년 일본에서 출간된 에노모토 히로아키의 『ビックリするほどよくわかる 記憶のふしぎ』를 번역해 출간한 도서입니다. 내용 중 일부 한국 상황에 맞지 않는 것은 최대한 바꾸어 옮겼으나, 불가피한 경우 일본의 예시를 그대로 사용했습니다. 또한 일본에서는 우철 제본으로 출판된 도서이기 때문에 만화가 우철 기준으로 배치되어 있습니다. 만화의 말풍선은 오른쪽에서 왼쪽 순서로 읽어주세요.(일부 페이지 제외)

들어가며

기억이란 참 신기합니다.

예전에는 기억을 사진이나 인쇄물처럼 기록된 내용을 불러오는 것으로 생각했습니다. 다만 이 논리로는 우리가 종종 경험하는 기억의 오차에 관해 설명할 수가 없었습니다. 현재는 무언가를 떠올릴 시점에 기억이 생성되는 부분이 있다는 사실이 밝혀졌지요.

시험 전에 밤을 새워서 열심히 암기하려고 했다가 실패한 경험은 누구나 있을 것입니다. 물론 자는 시간을 줄여서라도 공부해야만 했겠지요. 그러나 기억이란 아무래도 수면 중에 정리되는 모양이니 수면 시간도 잘 챙겨야 합니다.

학창 시절 수업 중에 배운 중요한 내용은 기억이 잘 나지 않는데 선생님의 잡담은 잘 기억나는 경험도 있을 것입니다. 이는 기억이 이야기 구조로 되어 있기 때문입니다. 이를 응용한 것이 언어유희나 연상법이지요. 이야기를 부여하면 기억 용량이 현저하게 늘어납니다.

기분이 가라앉아 있을 때 유독 부정적인 생각이 계속해서 떠오르곤 합니다. 불만이 많은 사람은 부정적인 사건만 골라서 기억하는 성향이 있지요. 이처럼 기억과 기분은 밀접한 관계가 있다는 사실이 최근 들어 밝혀지고 있습니다.

한편 기억력이 창의력을 방해한다는 식으로 말하는 사람들이 있는데 과연 그럴까요? 그런 사람들은 영감이 하늘에서 뚝 떨어진다고 생각하고 있는지도 모르겠습니다. 하지만 다양한 발명과 발견의 사례들을 검토해 보면 분명 암묵 기억이 관여하고 있다는 점을 알 수 있습니다. 무(無)에서 갑자기 무언가가 떠오르는 것이 아닙니다. 우리는 암묵 기억을 평소에 더욱 의식하면서 살아가야 합니다.

이 책에서는 '기억'이라는 심리 현상의 신비로운 메커니즘에 대해 쉽게 풀어냈습니다.

제1장에서는 누구나 일상적으로 겪는 기억의 오차가 발생하는 이유에 대해 파헤쳐 봤습니다. 일상생활 속 기억 관련 경험을 들여다보면 기억이란 얼마나 모호한 것인지 알 수 있습니다. 우리의 기억은 마치 살아 있는 것처럼 무언가를 떠올릴 때마다 그 모습을 바꿉니다.

제2장에서는 기억의 기본적인 메커니즘에 관해 설명했습니다. 기억에는 어떤 종류가 있는지와 기억이 어떻게 생성되는지를 쉽게 알 수 있을 것입니다.

제3장에서는 망각의 메커니즘에 대해 해설했습니다. 우리가 어떤 방식으로 잊는지 알게 되면 잊지 않기 위해서는 어떻게 해야 하는지도 알 수 있을 것입니다. 흥미로운 점은 잊는 것도 의미가 있다는 점입니다. 세세한 부분을 잊음으로써 기억은 강화됩니다.

제4장에서는 기억력을 높이기 위한 스킬에 대해 해설했습니다. 누구나 기억력이 좋아지기를 바라는데 이를 위해서는 약간의 팁이 필요합니다. 다양한 스킬을 소개했으니 실생활에서 잘 활용하길 바랍니다.

제5장에서는 암묵 기억과 새로운 발상 및 적절한 판단과의 관계에 대해 살펴봤습니다. 우리는 스스로 의식하고 있는 것 이상으로 많은 것을 기억하고 있습니다.

저자의 기억 관련 저서는 이 책이 네 권째지만 기억의 기본적인 메커니즘부터 자세하고 쉽게 설명한 것은 이번이 처음입니다. 과학적 식견을 정확하고 평이하게 해설하려고 노력한 만큼 여기에 담은 내용을 참고해 기억을 자유자재로 다룰 수 있었으면 합니다.

마지막으로 이 책을 만들 기회를 주신 편집부와 기획 담당자님께 감사 말씀을 전하고 싶습니다. 또한 그림으로 표현하기 어려운 심리학 서적이라 여러 차례 수정 요청을 드렸음에도 포기하지 않고 끝까지 그려주신 일러스트레이터 시노노메 미즈오 님께 감사드립니다.

에노모토 히로아키

목차

제3장 망각의 메커니즘 – 우리가 잊는 이유

제4장 기억력을 높이는 스킬

제5장 암묵 기억은 발상의 보물창고 – 암묵 기억 활용하기

※ 만화나 삽화는 오른쪽에서 왼쪽 순서(←)로 읽어주세요.(p2 일러두기 참고)

　　왼쪽에서 오른쪽 순서로 읽어야 하는 일부 삽화는 페이지 아래에 표기했습니다.

제 1 장

기억이 모호한 이유

> 그런 약속 한 적 없는데?

> 이번 일요일에는 가족 다 같이 드라이브가기로 했었잖아!

정확하게 기억하고 있다고 생각했는데 나도 모르게 잘못 기억하고 있거나, 떠올릴 때의 기분에 따라 과거 기억의 이미지가 달라지는 이유는 무엇일까? 제1장에서는 기억에 관한 소박한 의문들부터 해결해 보자.

사진 · 영상과 기억의 차이

'기억'이라는 단어를 들으면 대부분 사람은 과거의 경험이나 지식을 기록하는 정신 기능을 떠올린다. 이는 반은 맞고 반은 틀렸다. 기억은 과거에 경험한 사건이나 알게 된 지식을 기록하는 성질이 있는 것은 맞다. 그러나 여기서 중요한 사실은 기억은 과거를 완전하게 재현하지 않는다는 점이다.

풍경이나 사람의 표정을 사진으로 찍으면 그 당시 모습 그대로 기록된다. 그 사진이 보존되어있는 한 영원히 원본 그대로의 기록이 남아 있다. 영상도 마찬가지다. 아이가 갓 걸음마를 뗐을 무렵의 영상을 재생하면 지금은 장성한 딸 · 아들이 풍선 끈을 붙잡고 온 집안을 돌아다니거나 신이 난 목소리로 천진난만하게 노는 모습을 볼 수 있다.

5년 전에 열어본 앨범에서는 웃고 있었던 어릴 적 내가 오랜만에 다시 앨범을 열었을 때 무표정한 얼굴을 하고 있다고 생각해 보자. 또 예전에 영상을 봤을 때는 치마를 입고 있었는데 다시 봤더니 바지를 입고 있다면? 사진과 영상이 바뀌기라도 한 걸까? 그렇다면 그야말로 SF 영화에서나 있을 법한 일이다.

하지만 기억의 세계에서는 이런 일이 종종 일어난다. 딱히 특이한 일도 아니다. 왜냐하면 기억은 사진이나 영상처럼 객관적인 기록이 아니라 주관적인 인상을 거친 기록이기 때문이다. 인상이 달라지면 기록 내용도 달라진다. 이 과정에서 기억의 변화가 일어난다. 그렇다면 어떤 식으로 기억의 변화가 이루어지는 것일까? 이제부터 구체적으로 살펴보겠다.

'이번 일요일에는 가족 다 같이 드라이브가기로 했었잖아!'라고 말하는 아내의 말에 '이번 일요일에는 거래처와 골프 라운딩 가기로 해서 못 가'라고 말하는 남편. '그러면 더 일찍 얘기해야지, 애들은 이미 신나 있는데'라고 불만을 제기하는 아내에게 '그런 약속 한 적 없어'라고 변명하는 남편. 흔하게 볼 수 있는 그림이다. 남편이 딴생각하고 있을 때 약속이 성립되었을 가능성이 높다. 이처럼 주의나 관심을 기울이지 않은 사안은 기억에 각인되지 않는다.

또는 한번 기억에 각인됐지만 시간이 흐르면서 변화하는 일도 있다. 10년 전에 처음 받은 보너스로 150만 원짜리 가구를 구매했다고 기억하고 있었는데 서랍 정리를 하다가 발견한 영수증에는 80만 원이라고 적혀 있었다. 이렇게 잘못 기억하는 때도 흔히 있다. 당시에는 80만 원이라고 기억에 각인되었겠지만, 거금을 주고 샀다는 인상이 강한 나머지 수입 증가에 따라 금액과 관련한 기억도 어느 순간 변화한 것이다.

같은 상황에서 같은 장면을 목격했는데 서로 다르게 기억하는 일도 종종 있다. 얼마 전에 한 TV 프로그램에서 필자가 설계한 목격자 증언 실험에서도 증명했다. 촬영 중인 스튜디오 한 가운데서 넘어지는 바람에 물건들이 바닥에 나뒹굴게 만든 덜렁이 스태프의 복장과 얼굴 특징에 대해 목격자들은 모두 다르게 기억하고 있었다. 왜 이런 일이 일어날까? 이 메커니즘을 이해하기에 앞서 지각의 주관성이라는 개념을 알아둘 필요가 있다.

다네다 산토카라는 일본 시인이 있다. 다양한 일을 전전했지만 오래가지 못했으며 고독한 여행길에서 시를 읊는 생활을 관철한 떠돌이 시인이다. 관리사회에 매여 살아가는 현대인들에게는 사회에서 벗어나 자유롭게 살아간 그가 동경의 대상이기도 하다. 탁발승이면서도 술에 취해 추태를 보이고

두 번 다시 술은 입에도 대지 않겠다고 말로는 후회하지만, '술이 없는 날은 허전하다'라며 죽을 때까지 술을 끊지 못했던 인간미 넘치는 점도 매력적이다.

필자는 10여 년 전 산토카가 방랑 끝에 마지막 거처로 정했던 에히메현의 잇소안을 방문했던 적이 있다. 이때 유리창 바깥에서 카메라를 들고 산토카가 사용하던 방을 사진으로 남겼다. 그런데 며칠 후 사진을 현상해 보니 방 전체 모습을 찍은 사진은 내 얼굴과 카메라가 겹쳐서 찍혀 있었고 책상 주변을 찍은 사진은 내 뒤의 정원이 겹쳐 찍혀 있었다.

카메라 렌즈와 마찬가지로 유리창 너머의 책상과 유리에 반사된 얼굴 모두 망막에 비쳐 물리적으로는 둘 다 보였을 텐데 의식상으로는 책상밖에 보이지 않았다. 우리는 망막에 맺힌 많은 자극 중 나에게 특별히 의미 있는 것만을 선택적으로 지각한다.

지각한 내용은 기억하게 되는데 무엇에 주목하고 의미를 두는지는 사람마다 다르다. 학창 시절 친구들이 모여 예전에 함께 갔던 여행에 관해 이야기를 나누다 보면 누군가가 했던 행동, 누군가가 했던 말을 서로 다르게 기억하고 있다. 같은 상황에 놓여 있더라도 각각 관심을 두는 것과 강한 인상을 받는 것이 달라 기억하는 내용도 달라진다.

쇼윈도 안의 가방을 바라볼 때 망막에는 같이 진열된 다른 가방은 물론 유리에 반사된 행인과 자동차, 심지어는 자신도 비쳤을 테지만 의식상으로는 가방밖에 보이지 않는다. 지각은 이렇듯 선택적으로 이루어진다.

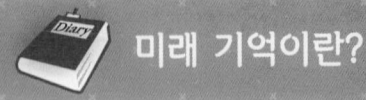

미래 기억이란?

일반적으로 기억이라고 하면 과거를 기억하는 정신 기능의 이미지를 떠올리게 된다. 그러나 해야 할 일을 시의적절하게 떠올리는 것도 기억의 기능 중 하나다.

과거의 사건이나 알게 된 지식과 관련한 기억이 과거 경험 기억이라면 미래의 한 시점에 해야만 하는 일과 관련한 기억을 미래 계획 기억이라고 한다.

미래 계획 기억을 적절하게 활용하지 못하면 사회생활에 큰 지장을 줄 수 있다. 예전에 일어났던 일인 과거 경험 기억을 잊는 것보다 해야만 하는 일인 미래 계획 기억을 잊게 되었을 때 사회적 타격이 더 크다. 미래 계획 기억 수행을 계속 실패하면 인격을 의심받거나 업무 능력이 없는 사람이라고 낙인찍히게 된다. 하지만 과거 경험 기억 수행이 뛰어나지 않아도 심각한 문제가 발생할 일은 적다. 그런 의미에서 미래 계획 기억은 상당히 중요한 기억이라 할 수 있다.

식후에 약 먹기, 가스 밸브 잠그기, 문단속 잘하기, 필요한 물건을 잊지 않고 가지고 나가기, 역으로 가는 길에 있는 우체통에 편지 넣기, 회사에 도착하면 지점 영업 담당자에게 메일 보내기, 상사에게 전날 회의 보고하기, 점심시간 전 거래처에 전화해서 다음 미팅 일정 잡기, 2시에 다른 부서로 자료 가지러 가기, 퇴근 전까지 납품 예정인 물건이 도착하지 않았을 때 업체에 재촉 전화하기, 7시에 친구들과 단골 가게에서 만나기. 이 모든 행동은 확실하게 수행해야 하며 깜빡 잊었다가는 상대방에게 피해를 줄 수 있을 뿐 아니라 신용까지 잃을 수 있다.

우리의 일상은 약속과 예정과 해야 할 일의 연속이다. 업무는 물론이거니와 사생활에서도 과거 경험 기억보다 미래 계획 기억이 필요할 때가 훨

씬 많다.

그런데도 기억 연구의 대부분은 과거 경험 기억 관련 연구가 차지한다. 헤르만 에빙하우스(Hermann Ebbinghaus) 이래 기억 연구는 100년이 넘는 긴 역사를 지녔지만, 미래 계획 기억 연구의 역사는 짧아 아직 30년 남짓밖에 되지 않는다.

해야 할 일을 '깜빡' 잊는 현상은 해야 할 일 자체를 완전히 잊는 때도 있고 해야 할 일은 계속 의식하고 있었는데 시의적절하게 떠올리지 못하는 때도 있다. 이는 내용을 잊었거나 타이밍을 놓쳤을 경우다.

미래 계획 기억을 조금 더 자세히 살펴보면 무언가 해야만 하는 일이 있다는 사실을 기억하는 기능과, 구체적으로 무엇을 해야 하는지를 기억하는 기능으로 나눌 수 있다. 전자를 존재 회상, 후자를 내용 회상이라고 한다.[1] 가령 누군가와 만났을 때 '그러고 보니 무언가 할 말이 있었던 것 같은데 무슨 말을 하려고 했더라?' 같은 경험이 있을 것이다. 이는 존재 회상은 수행했지만, 내용 회상까지는 수행하지 못했기 때문이다.

사회적으로 중요도가 높은 기억임에도 아직 연구가 거의 이루어지지 않았으며 향후 발전이 크게 기대되는 연구 분야이다.

---

1 일본에서 주로 쓰이는 분류. 보통은 사건 의존적 미래 기억, 시간 의존적 미래 기억으로 분류한다.

과거 경험 기억과 미래 계획 기억의 차이

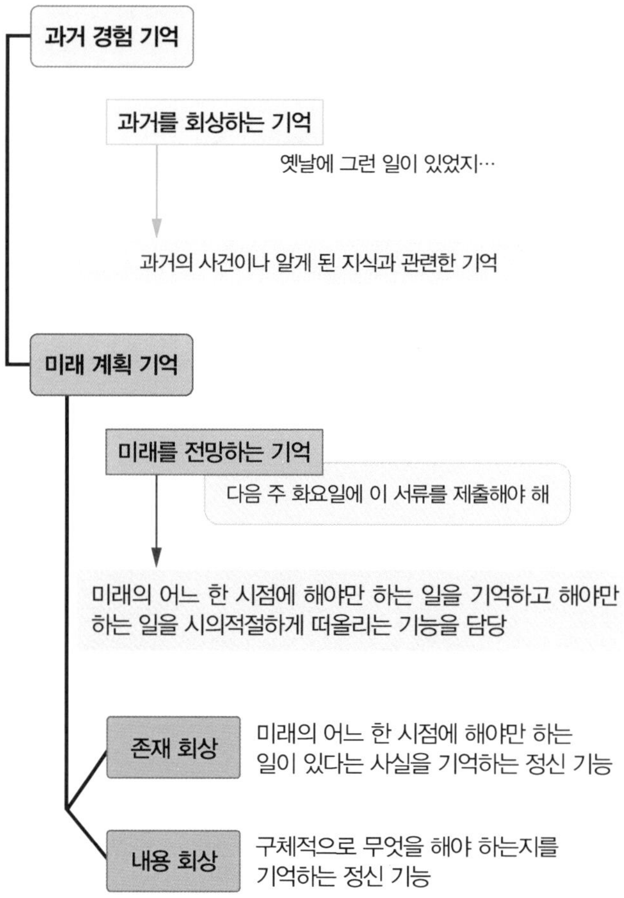

과거 경험 기억

과거를 회상하는 기억

옛날에 그런 일이 있었지…

과거의 사건이나 알게 된 지식과 관련한 기억

미래 계획 기억

미래를 전망하는 기억

다음 주 화요일에 이 서류를 제출해야 해

미래의 어느 한 시점에 해야만 하는 일을 기억하고 해야만 하는 일을 시의적절하게 떠올리는 기능을 담당

존재 회상 — 미래의 어느 한 시점에 해야만 하는 일이 있다는 사실을 기억하는 정신 기능

내용 회상 — 구체적으로 무엇을 해야 하는지를 기억하는 정신 기능

과거의 일화를 떠올리는 기억과 해야만 하는 일을 잊지 않는 기억은 별개

잘 기억하는 기억의 종류는 사람마다 다르다. 과거의 일화는 잘 기억하지만, 해야만 하는 일은 곧잘 잊는 사람이 있다. 이 사람은 과거 경험 기억은 잘 수행하지만, 미래 계획 기억은 그렇지 못한 경우다. 반대로 과거의 일화는 잘 기억하지 못하지만, 해야 할 일을 잘 잊지 않는 사람도 있다. 미래 계획 기억은 잘 수행하지만, 과거 경험 기억은 그렇지 못 한 경우다.

과거 경험 기억과 미래 계획 기억을 조사한 연구를 통해 과거 경험 기억과 미래 계획 기억 능력 사이에는 관련성이 없다는 사실이 밝혀졌다. 과거의 일화를 기억하는 정신 기능과 미래의 한 시점에 해야 할 일을 시의적절하게 기억해 내는 정신 기능은 아무래도 서로 다른 메커니즘을 따르는 것으로 보인다.

이 두 가지의 기억 능력을 발달적 관점에서 검토한 결과를 살펴보면 과거 경험 기억은 성인이나 고령층보다 청년층이 성적이 좋다. 그러나 미래 계획 기억은 나이에 따른 차이가 보이지 않는다. 오히려 고령층이 성적이 더 좋다는 보고도 있다. 아마도 고령층은 스스로 기억력 감퇴를 인지하고 메모로 남기거나 메모를 자주 참조하는 등 외부 기억 장치를 활용하고 있는 점, 해야 할 일이 청년층에 비해 적은 점 등 기억력 외 요인이 작용했을 가능성이 있다.

과거 경험 기억과 미래 계획 기억

표절 사건이 일어나는 과정

　문학 작품이나 논문 표절 사건 뉴스를 종종 접한다. 악의적인 표절도 있지만, 그중에서는 표절했다는 의식을 전혀 하지 못하는 사람도 있다. 왜 그런 어리석은 행동을 했는지 의문이 들 것이다. 그러나 그 심층 심리 메커니즘을 이해하면 누구나 빠질 수 있는 함정이 존재한다는 사실을 알 수 있다.

　조지 대니얼스(George H Daniels)의 논문《미국 사회의 과학(Science in American society: A social history)》은 호평받아 학술지《Science》에 호의적인 서평이 게재되었다. 그 후 저자는 참고 문헌으로 기재만 했던 문헌에서 자신이 표절한 부분이 있음을 알아차리고는《Science》에 그 사실을 알리고 사죄했다. 예전에 읽었던 문헌 내용을 무의식중에 기억하고 그 내용을 자신의 발상으로 착각한 것이다.

　연구를 위해서는 수많은 문헌을 읽게 되는데 각각의 문헌 내용이 부분적이라 할지라도 기억에 남게 된다. 그리고 자신의 문장을 써 내려갈 때는 기억 속의 다양한 지식과 이론을 불러와서 발상해 나간다. 때로는 정보 출처와 정보 내용이 분리되어 있을 때도 있다. 이럴 때 의도치 않은 표절이 발생하기 쉽다.

　정보 출처와 정보 내용이 하나로 묶여있으면 이 내용은 어디에서 읽었고 누구에게 들었는지 파악할 수 있으므로 인용만 잘하면 되니 문제 될 일은 없다. 하지만 정보 출처에 대한 기억이 희미하다면 떠오른 내용이 어디에서 얻은 것인지 알 수가 없어 자신의 발상이라고 착각하게 되기도 한다. 이렇게 해서 의도치 않은 표절이 이루어진다.

　타인의 저작물 및 발상 관련 기억을 무의식중에 사용해 자신의 발상인 것처럼 쓰는 것이 의도치 않은 표절인데 이때 작용하는 무의식적 기억을 잠복 기억이라고 한다. 잠복 기억은 타인의 저작물 및 발상에 대한 표절뿐

수면자 효과(Sleeper Effect)란?

> 시간의 경과에 따라 정보 출처에 관한 기억이 희미해지면서 정보의 신빙성이 높아지는 심리 현상

같은 설득문을 두 그룹에 다른 방식으로 전달
   한 그룹에는 신빙성이 높은 정보 출처로 전달 (권위 있는 과학 잡지)
   다른 그룹에는 신빙성이 낮은 정보 출처로 전달 (신뢰도가 떨어지는 대중잡지)

예상대로 신빙성이 높은 정보 출처라고 알고 있는 그룹이 신빙성이 낮은 정보 출처라고 알고 있는 그룹보다 설득문의 영향을 많이 받았다.

신빙성이 높은 정보 출처: 23%가 설득됨
신빙성이 낮은 정보 출처: 6%가 설득됨

하지만 신기하게도 4주 후에 다시 의견을 물었더니 두 그룹 간의 차이가 사라졌다.

신빙성이 높은 정보 출처: 13%가 설득됨
신빙성이 낮은 정보 출처: 13%가 설득됨

이 결과는 시간의 경과에 따라 정보 출처에 대한 기억이 희미해지면서 신빙성으로 인한 영향력이 사라진 것으로 생각할 수 있다. 정보 출처보다는 정보 내용이 더 강하게 인상에 남기 때문에 발생하는 현상이다.

신빙성 신빙성
높음   낮음

4주 후

신빙성 신빙성
높음   낮음

아니라 자기 자신이 작성한 글이나 발상에도 영향을 미치는 경우가 있다.

심리학자 스키너(B.F. Skinner)는 '이건 대단한 발상이야!'라고 스스로 감탄하기도 잠시, 그 내용이 훨씬 전에 자신이 어딘가에서 발표했던 내용이라는 사실을 깨닫고 낙담할 때도 있다며 만년에 술회했다.

어이없는 이야기이지만 실은 누구나 맞닥뜨릴 수 있는 일이다. 필자의 경우 방 정리를 하다가 예전 일기장이나 작성했던 글을 우연히 발견할 때가 있다. 훑어보듯이 읽는 것만으로도 '그 시절에는 이런 생각을 하고 있었구나'라고 놀라기도 하고 다채로운 발견을 하게 된다. 때로는 다른 사람이 내 문헌을 인용한 것을 보고 '내가 그런 내용을 쓴 적이 있던가'라며 의아해하며 해당 문헌을 찾아본다. 그러면 그런 내용을 분명히 기재한 것을 발견할 수 있다. 이처럼 자신이 생각했던 내용 대부분은 기억에서 사라지기 마련이다.

그렇다면 어떤 생각이 떠오른다 해도 그 내용이 예전에 어디선가 읽거나 들은 것은 아닌지 확인할 필요가 있다.

이를 확인하기 위한 효과적인 방법으로는 출처 감시(source monitoring)가 있다. 정보 출처에 주의를 기울이는 방법이다. 우리는 무의식화된 기억도 주의를 기울임으로써 의식화할 수 있다. 먼저 예로 든 조지 대니얼스도 서평으로 다뤄진 일을 계기로 다시금 확인하면서 자신의 발상이라고 믿었던 것 중 일부 정보 출처가 타인의 저작물임을 알게 되었다.

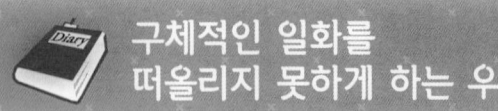

구체적인 일화를 떠올리지 못하게 하는 우울증

우울증 환자의 기억 수행 능력이 떨어진다는 사실은 종종 언급되곤 한다. 우울증 환자뿐 아니라 우울한 상태일 때는 일반적으로 기억력 저하를 확인할 수 있다.

우울감이 강한 사람은 과거를 매우 대략적으로 회상하며, 과거 일화를 구체적으로 떠올리지 못한다. 이를 과일반화 기억이라고 한다.

우울 증상이 있는 사람의 경우 '다정하다'라는 자극어에서 연상되는 추억을 이야기해 보라고 하면 '할머니는 항상 다정했다'와 같은 일반적인 이야기까지는 할 수 있다. 그러나 할머니가 어떻게 다정했는지를 보여주는 구체적인 일화는 떠올릴 수 없다. 사람 대다수는 '행복'이라는 자극어를 들으면 거기에서 연상되는 일화, 예를 들어 자신에게 일어났던 행운이나 가족 중 누군가가 겪은 기쁜 일을 기억에서 떠올릴 수 있다. 하지만 자살을 시도한 적이 있는 중증 우울증 환자는 구체적인 일화를 거의 떠올리지 못한다.

우울 증상과 기억 경향 사이에 깊은 관계가 있다는 점은 이미 검증됐다. 가령 과거의 힘든 경험을 반추하는 경향이 있는 사람은 우울감에 고통받는 경우가 많다. 또한 과거에 일어났던 일을 떠올리는 실험에서도 쉽게 침울해지는 사람은 자신의 부정적인 일화를 먼저 떠올린다.

우울 증상과 기억력의 관계를 조사한 실험에 따르면 우울감이 강한 사람은 긍정적인 내용보다 부정적인 내용을 잘 기억한다. 이러한 경향은 이미 유아기부터 확인할 수 있다. 5~11살 유아와 아동을 대상으로 우울감을 측정한 후 동화 재생 실험을 했다. 이때 자신이 그림 동화의 주인공이라고 생각하면서 읽도록 유도했다. 그 결과 우울감이 강한 어린이는 긍정적이거나 무난한 그림 동화보다 부정적인 그림 동화를 더 잘 떠올린다는 사실을 확인했다.

구체적인 일화를 떠올릴 수 있는지는 마음 건강의 척도

마음이 건강한 사람

우울 증상이 있는 사람

※ 이 삽화는 왼쪽에서 오른쪽으로 읽어주세요.

우울 척도 개발자로 유명한 아론 벡(Aaron T. Beck)의 인지 요법에서는 우울감이 강한 사람은 특징적인 인지 구조를 가졌으며 이 인지 구조가 우울 증상을 악화시킨다고 본다. 특징적인 인지 구조란 자신이 놓인 상황을 비관적으로 바라보거나 자신의 부정적인 면에 집중하거나 일이 잘 풀리지 않으면 자기 탓을 하는 등 매사를 부정적으로 생각하는 인지 경향을 말한다.

우울감이 강한 사람은 그 특징적인 인지 경향으로 인해 과거를 마주했을 때 하나같이 불쾌한 일화들만 떠올리는 경우가 많다. 불쾌한 일을 구체적으로 떠올리면 기분이 침울해지기 마련이다. 이를 피하고자 기억 인출을 일반적 수준에서 멈춘다고 유추해 볼 수 있다.

이처럼 우울감이 강한 사람에게 볼 수 있는 과일반화 기억은 불쾌한 일화 회상을 방해하는 장점이 있다. 반면 과거 일화를 현재의 문제 해결에 활용할 수 없다는 단점도 있다. 우울감이 강한 사람은 문제 해결 능력이 떨어진다는 점을 지적받곤 하는데 이는 과거의 구체적인 일화를 참고할 수 없다는 점이 관련되어 있다고 볼 수 있다.

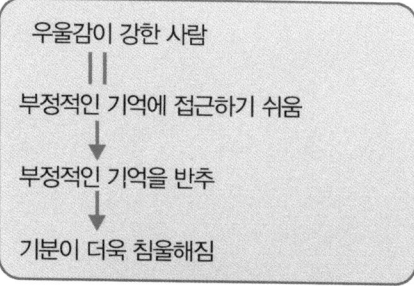

우울감이 강한 사람의 기억이 불분명해지는 메커니즘

우울감이 강한 사람
||
부정적인 기억에 접근하기 쉬움

↓

부정적인 기억을 반추

↓

기분이 더욱 침울해짐

우울감의 굴레

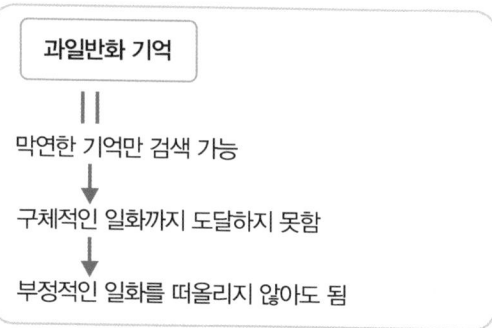

이를 방지하기 위한 심리적 메커니즘

과일반화 기억
||
막연한 기억만 검색 가능

↓

구체적인 일화까지 도달하지 못함

↓

부정적인 일화를 떠올리지 않아도 됨

우울감이 강한 사람은 기분 일치 효과(p36~39 참조)에 따라 부정적인 기억에 접근하기 쉽다. 그렇게 되면 기분은 더욱 침울해지게 된다. 이를 막기 위해 기억 전체를 모호하게 만드는 방어 기제가 작동한다. 이것이 과일반화 기억이다.

과일반화 기억 덕분에 우울감이 강한 사람도 부정적인 일만 떠올라서 기분이 더 가라앉는 우울감의 굴레에서 벗어날 수 있다.

감정 상태에 따라 달라지는 기억의 방향성

같은 상황을 경험하거나 같은 이야기를 들어도 기억하는 사람의 감정 상태에 따라 기억하는 내용이 달라진다. 기억하는 사람의 감정 상태와 일치하는 감정값을 가진 내용이 기억에 정착하기 쉬운데 이를 기분 일치 효과라고 한다.

예를 들어 일정한 절차에 따라 행복한 기분으로 유도한 그룹과 슬픈 기분으로 유도한 그룹을 대상으로 약 1,000화로 구성된 짧은 이야기를 읽도록 한 실험이 있었다. 이 이야기에는 두 명의 인물이 등장하고 한 명은 행복한 인물인 데 비해 다른 한 명은 불행한 인물로 그려져 있었다. 다음 날, 전날 읽은 이야기를 재생하도록 요구했다. 그 결과 재생량의 차이는 없었지만, 이야기를 읽기 전에 행복한 기분으로 유도한 그룹은 즐거운 에피소드를 많이 떠올렸고 슬픈 기분으로 유도한 그룹은 슬픈 에피소드를 떠올렸다. 기억한 내용에서 확연한 차이를 보인 것이다. 자신의 기분과 일치하는 일은 기억에 남기 쉽고 일치하지 않는 일은 기억에 잘 남지 않는다는 것을 보여준다.

이 실험은 더 나아가 이야기 재생 후에 어느 쪽 등장인물을 동일시했는지, 즉 자기 자신과 겹쳐서 봤는지를 물었다. 그 결과 즐거운 기분으로 유도한 그룹 모두가 행복한 인물 쪽에, 슬픈 기분으로 유도한 그룹 모두가 불행한 인물 쪽에 동일시하고 있었다. 자신을 어느 등장인물에 투사하는지는 그때 기분에 따라 결정된다.

외부 정보를 기억에 넣는 과정을 부호화라고 한다. 위 결과는 자신의 감정 상태와 일치하는 내용이 부호화되기 쉽다는 사실을 증명함과 동시에, 사람에 따라 같은 이야기를 완전히 다르게 받아들일 가능성이 있음을 시사한다. 같은 이야기를 듣고도 기억하는 내용이 다르거나 같은 상황에 놓여 있

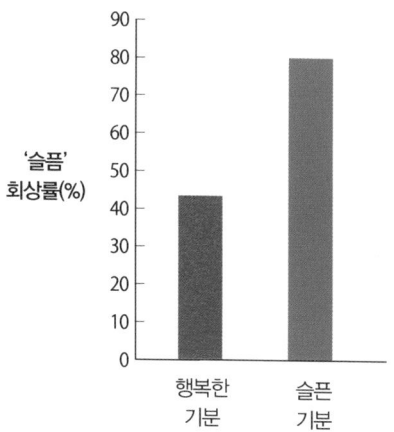

학습 시 유도한 기분

기분 일치 효과 (Bower et al, 1981: 다니구치, 2002)

즐거운 기분으로 독서 　　　슬픈 기분으로 독서

실험 참가자 중 절반은 행복한 기분으로, 나머지 절반은 슬픈 기분으로 유도한 후 같은 이야기를 읽도록 했다. 다음날 읽은 이야기를 회상하도록 요구했는데 같은 이야기를 읽었음에도 읽는 시점의 기분에 따라 결과가 달랐다. 행복한 기분이었던 사람은 행복한 에피소드를 많이 떠올렸고 슬픈 기분이었던 사람은 슬픈 에피소드를 많이 떠올렸다.

더라도 그곳에서 일어난 일에 대한 인상이 다르거나 하는 기억의 오차도 감정 상태의 차이에 의해 쉽게 일어난다고 볼 수 있다.

등장인물에 대한 동일시까지는 아니더라도 단순한 단어 기억 실험에서도 기분 일치 효과는 확인할 수 있다. 예를 들어 이미지 연상법을 활용해 일정한 감정을 발생시켜 다양한 형용사를 기억하는 실험이 있다. 이미지 연상법이란 과거의 슬픈 일 또는 즐거운 일을 떠올리게 한 다음 그때의 감정을 연상시킴으로써 슬픈 기분 또는 즐거운 기분으로 유도하는 방법이다. 그 결과 즐거운 기분은 긍정적인 형용사의 부호화를 촉진하지만, 슬픈 기분은 긍정적인 형용사의 부호화를 억제하는 결과가 나타났다. 슬픈 기분 대신에 분노의 감정으로 유도한 경우, 긍정적인 형용사의 부호화가 억제되면서 부정적인 형용사의 부호화가 촉진되었다.

이와 같은 연구 결과에서 알 수 있는 사실은 우리는 상당히 감정적으로 현상을 바라보고 있으며 눈앞의 현실을 자신의 감정 상태에 따라 내가 원하는 대로 왜곡해서 기억하고 있다는 점이다. 하지만 우리는 위의 이미지 연상법을 활용한 실험에서 행복한 기억을 만드는 방법에 대한 힌트를 얻을 수 있다. 과거에 있었던 즐거운 일, 자랑스러운 일, 기쁜 일 등의 긍정적인 에피소드를 떠올리고 그 당시 기분에 젖는 실천을 이따금 수행해 긍정적인 기분을 유지한다면 분명 긍정적인 기억이 축적되어 갈 것이다.

우울해 보이는 사람

행복해 보이는 사람

같은 장소에 있어도 그때의 감정 상태에 따라
바라보는 대상이 달라짐

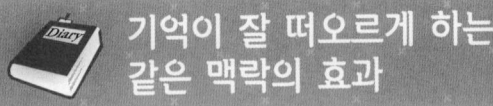

기억이 잘 떠오르게 하는 같은 맥락의 효과

기억에 새길 때와 떠올릴 때, 즉 기명(記銘) 시점과 회상 시점의 기분 상태가 일치하면 더 쉽게 떠오르는 현상을 기분 상태 의존 효과라고 한다.

이와 관련한 실험이 있다. 먼저 실험 대상자를 슬픈 기분으로 유도한 후 중성어(슬프지도 즐겁지도 않은, 감정값이 없는 단어) 목록 A를 기억하게 한다. 이번에는 즐거운 기분으로 유도한 후 별도의 중성어 목록 B를 기억하게 한다. 그다음으로 슬픈 기분 또는 즐거운 기분으로 유도해 목록 A 및 목록 B의 재생 테스트를 시행했다.

그 결과 기명 시점과 회상 시점의 정서 상태가 일치했을 때 재생 성적이 우수했다. 즉 슬픈 기분일 때 기명한 단어는 슬픈 기분일 때, 즐거운 기분일 때 기명한 단어는 즐거운 기분일 때 더 쉽게 떠올릴 수 있었다. 현재와 같은 정서 상태일 때 무엇을 기명했는지에 따라 회상하는 내용이 정해진다는 뜻이다.

여기서 알 수 있는 사실은 어떠한 일을 구체적으로 떠올리고 싶을 때는 그 당시 심리 상태를 떠올리고 그 기분에 빠져듦으로써 회상이 촉진된다는 점이다.

기분 상태 의존 효과는 정서 상태가 회상의 실마리가 된다고 보고 있다. 이는 맥락 효과의 일종으로 볼 수도 있다. 정서 외에도 장소, 시각, 상황, 함께 있었던 인물 등이 일치하는 맥락의 일치 또한 회상을 촉진할 것이다. 범인이나 목격자를 범행 장소로 데려가는 것도 맥락 효과로 인한 회상 촉진이 목적이라고 보면 되겠다.

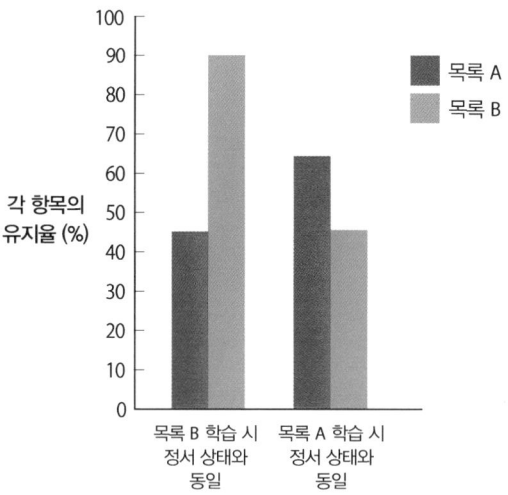

재생 시의 기분

각 항목의
유지율 (%)

목록 A
목록 B

목록 B 학습 시
정서 상태와
동일

목록 A 학습 시
정서 상태와
동일

기분 상태 의존 효과 (Bower et al. 1978: 다니구치, 2002를 수정)

즐거운 기분으로 기억

슬픈 기분으로 기억

즐거운 기분 또는 슬픈 기분으로 유도한 후 각각의 정서 상태에서 중성어 목록(목록 A, 목록 B…즐겁지도 슬프지도 않은 중성적인 단어)을 기억하게 했다. 그 후 즐거운 기분 또는 슬픈 기분으로 다시 유도한 다음 학습한 두 가지 목록을 재생하게 했다. 그 결과 학습한 시점과 회상 시점의 정서 상태가 일치할 때 재생 성적이 우수하다는 사실을 알 수 있었다.

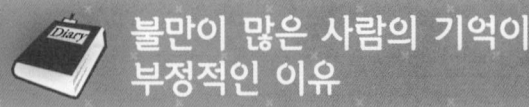

불만이 많은 사람의 기억이 부정적인 이유

불만이 많은 사람과 일상 대화를 나누다 보면 부정적인 이야기만 하곤 한다. 실제로 항상 부정적인 일을 겪고 있는 것일까? 좋은 일은 하나도 일어나지 않는 것일까?

어떠한 기회로 불만이 많은 사람의 가족이나 직장 동료의 이야기를 들어 보면 그 정도로 안 좋은 일만 일어나지는 않는 것으로 보인다. 매사에 불만이 많은 사람은 자신이 경험한 일 중에 부정적인 경험만 골라서 기억하고 있다는 생각이 들 수밖에 없다.

하지만 그들은 그런 의도가 전혀 없다. 자신에게는 안 좋은 일만 일어난다고 확신하고 있다. 왜 이런 일이 일어날까? 그 힌트는 또다시 '기분 일치 효과'에서 찾을 수 있다.

기분 일치 효과는 기명 시점뿐 아니라 회상 시점에도 작용한다고 알려져 있다. 기억하는 시점의 기분과 일치하는 감정값을 가진 내용을 쉽게 부호화한다는 점은 이미 설명했다. 이에 더해 회상 시점의 기분과 일치하는 감정값을 가진 내용이 쉽게 검색된다는 성질도 지니고 있다.

이와 관련한 실험으로 기분을 고양시키거나 침울하게 만든 다음 일상 속 일화를 회상시키는 실험이 있다. 그 결과를 보면 기분이 고양된 상태의 사람은 긍정적인 일화를 잘 회상했고 기분이 침울한 사람은 긍정적인 일화를 잘 회상하지 못하는 차이가 있었다.

유인어를 활용해 보면 그 차이는 더욱 뚜렷하게 나타난다. 예를 들어 기분을 고양시키거나 침울하게 만들고서 '버스', '창문', '신발'처럼 감정값이 중성적인 유인어를 차례대로 제시하고 거기에서 연상되는 일상 속 일화를 회상하도록 하는 실험이 있다. 이때 유인어를 통해 '유쾌한 경험'을 회상하도록 하는 조건과 '불쾌한 경험'을 회상하도록 하는 조건을 설정했다.

기분 일치 효과

기억하는 시점의 기분과 일치하는 감정값을 가진 내용이 쉽게 부호화

> 즐거운 기분으로 유도한 그룹과 슬픈 기분으로 유도한 그룹은 같은 이야기를 읽더라도 회상하는 내용에 차이가 있음
>
> > 즐거운 기분으로 이야기를 읽은 그룹이
> > 즐거운 일화를 더 잘 기억하고
> > 슬픈 기분으로 이야기를 읽은 그룹이
> > 슬픈 일화를 더 잘 기억함

회상 시점의 기분과 일치하는 감정값을 가진 내용이 쉽게 검색됨

실험

기분이 고양되도록 유도한 후
일상 속 일화를 회상하도록 함

➡ **긍정적인 일화를 더 잘 떠올림**

기분이 침울해지도록 유도한 후
일상 속 일화를 회상하도록 함

➡ **긍정적인 일화를 잘 떠올리지 못함**

> 즐거운 일화를 떠올리도록 유도해도
> 인출에 시간 소요됨
> 떠올리는 일화 수가 적음

> 불쾌한 일화를 떠올리도록 유도하면
> 금방 여러 일화를 떠올림

결과를 보면 기분이 침울한 그룹은 고양된 그룹과 비교했을 때 유쾌한 경험을 회상하기 어려워했다. 유쾌한 일화를 검색하는 데에 시간이 걸렸고 회상한 일화 수도 적었다. 반면 불쾌한 경험을 회상하도록 요구했을 때는 아무런 어려움이 없었다.

이렇듯 회상 시점 기분과 일치하는 감정값을 가진 일화를 더 쉽게 떠올릴 수 있다. 즐거운 기분으로 과거를 회상하면 즐거운 일화를 떠올리기 쉽고 불쾌한 기분으로 과거를 회상하면 불쾌한 일화를 떠올리기 쉽고 우울한 기분으로 과거를 회상하면 우울한 일화를 떠올리기 쉽다.

이러한 기분 일치 효과와 관련한 실험 결과를 보면 불만이 많은 사람이 부정적인 일화만 이야기하는 것은 부정적인 기분으로 과거를 회상하거나 주변을 관찰하고 있기 때문이라는 사실을 알 수 있다. 불만이 많은 사람이 실제로 어두운 삶을 살았다기보다 현재 기분에 맞춰 기억 속에서 어두운 일화만 수집하고 있는 셈이다. 반대로 객관적으로 비참한 처지에 놓인 사람이 밝은 일화를 이야기하는 일도 있다. 긍정적인 기분을 유지할 수 있기에 긍정적인 일화를 회상할 수 있는 것이다.

'신발' 이라는 단어에서 연상되는 일화를 알려주세요

기분이 침울한 사람

그러고 보니 초등학교 때 심술궂은 친구가 신발을 숨겼던 적이 있었어…

기분이 고양된 사람

생일에 엄마랑 백화점에 가서 갖고 싶었던 신발을 선물 받았던 적이 있었어~

떠올리는 내용도 달라지게 만드는 표정의 효과

웃으면 복이 온다, 좋은 일이 생긴다는 말을 종종 한다. 으레 하는 말이라고 생각하기 쉽지만, 기억 관련 실험 결과를 보면 어느 정도 근거가 있는 말이다.

관련 실험으로 즐거운 기분으로 유도하는 신문 기사와 분노를 유발하는 신문 기사를 읽게 한 후 일정한 표정을 유지한 채 신문 기사를 떠올리도록 하는 실험이 있다. 절반은 미소를 머금고 기사 내용을 떠올리려고 했고 나머지 절반은 불쾌한 표정을 짓고 떠올리고 있었다.

그 결과 미소를 머금은 표정으로 떠올린 사람은 즐거운 기분을 유도하는 기사를 더 잘 떠올렸고 불쾌한 표정으로 떠올린 사람은 분노를 유발하는 기사를 더 잘 떠올렸다. 표정에 따라 회상하는 내용이 달라진 것이다.

이는 회상 시점 기분과 일치하는 감정값을 가진 내용을 쉽게 떠올린다는 기분 일치 효과에 따른 결과라고 할 수 있다. 특히 흥미로운 점은 의도적으로 표정을 조작하는 것만으로 해당 표정과 연결된 감정이 환기된다는 사실이다. 그렇지 않다면 기분 일치 효과에 따른 결과가 나올 수 없다.

위 결과를 보면 웃으면 좋은 일이 생긴다는 말도 무시할 수 없다. 웃는 얼굴로 지냄으로써 좋은 일화가 축적되고 과거를 회상할 때마다 따뜻하고 즐거운 기분을 느낄 수 있어 더욱 웃는 얼굴로 지낼 수 있게 되는 선순환을 기대할 수 있다. 표정에 따라 떠올리는 내용이 달라지고 축적되는 기억이 달라진다. 즉, 과거의 색깔이 달라질 수 있다는 뜻이다.

의도적으로 웃는 표정이 일으키는 기억의 선순환

웃는 얼굴　　　　즐거운 기억　　　　즐거운 기분

웃는 얼굴

즐거운 기억

웃는 얼굴로 지내면
항상 행복!

※ 이 삽화는 왼쪽에서 오른쪽으로 읽어주세요.

회상할 때 만들어지는 기억

기억심리학자 프레드릭 바틀렛(Frederic Charles Bartlett)은 1932년에 출판한《회상의 심리학(Remembering)》에서 인간은 모두 작가이며 무언가를 회상하는 행위는 이야기를 창작하는 행위이기도 하다고 말했다.

이와 같은 바틀렛의 이론은 그다지 주목받지 못하고 에빙하우스의 전통을 따른 무의미 철자를 사용한 실험실적 연구가 기억 연구의 주류로 자리잡고 있었다. 이는 재현 이론(the copy theory of memory)에 입각한 것이다. 하지만 20세기 말에 접어들면서 일상적 기억이 관심의 대상으로 주목받게 되자 재현 이론에 기반을 둔 기억 이론은 강한 비판을 받기 시작했다.

재현 이론은 기명→유지→재생이라는 기억 프로세스를 복사(copy)에 비유하는 개념이다. 즉, 기명한 원본 기억은 그대로 유지되며 회상할 때는 그 내용이 그대로 인출된다고 본다.

무의미 철자를 활용한 기억 실험은 이 이론으로 설명할 수 있는 부분이 많을지도 모른다. 그러나 일상 기억 실험 및 조사가 이루어지자 재현 이론으로는 설명할 수 없는 결과가 계속해서 보고되었다.

이쯤 되자 아주 예전에 바틀렛이 주장한 기억 재구성 이론이 다시 발굴되면서 재조명받게 되었다. 기억의 재구성 이론이란 기억은 회상 당시의 관점에 따라 재구성된다는 이론이다.

이에 따라 기억에 관한 개념이 180도 달라졌다. 기억은 고정적인 것이 아니라 회상할 때 다시 만들어지며 회상할 때마다 바뀔 가능성도 지니고 있다고 보게 된 것이다.

재현 이론과 재구성 이론

기억의 재현 이론

복사하는 것처럼 원본 기억이 그대로 유지되며
회상할 때는 원본 기억이 그대로 인출

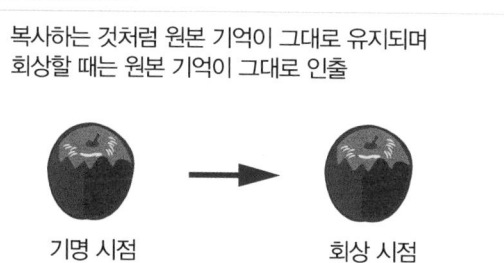

기명 시점 → 회상 시점

기억의 재구성 이론

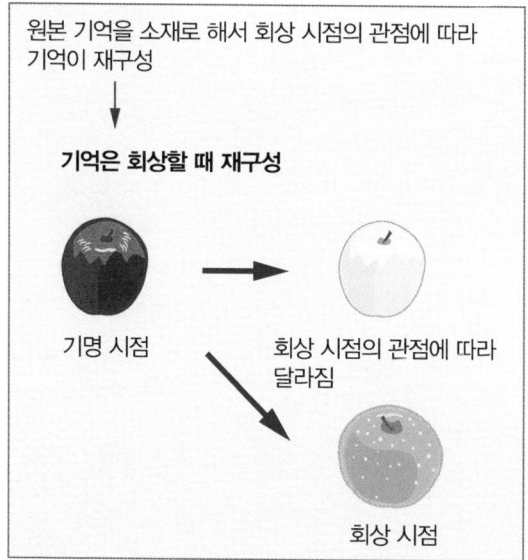

원본 기억을 소재로 해서 회상 시점의 관점에 따라
기억이 재구성

↓

기억은 회상할 때 재구성

기명 시점 → 회상 시점의 관점에 따라
달라짐

회상 시점

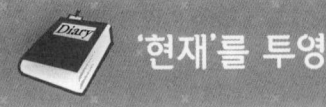

'현재'를 투영하는 기억

그렇다면 일상 기억 관련 실험 및 조사에서 기억의 재현 이론으로는 설명할 수 없는 사례를 몇 가지 알아보겠다.

1986년 우주왕복선 챌린저호가 폭발한 다음 날 해당 사고 뉴스를 어떻게 알게 되었는지를 작성하게 하는 조사가 대학생을 대상으로 이루어졌다. 그리고 3년 후에, 3년 전 조사 당시에 어떻게 대답했는지 회상하게끔 한 결과 3년 전 대답과 일치하는 답변을 한 학생은 7%에 그쳤다. 25%의 학생의 대답은 3년 전의 대답과 완전히 달랐다. 일상 기억이 재현은커녕 얼마나 불안정한 것인지를 여실히 드러낸 조사 결과였다.

또한 미국에서 1972년과 1976년에 같은 사람을 대상으로 공화당과 민주당 중 어느 당을 지지하는지를 묻는 정치의식 조사가 이루어졌다. 4년 사이에 지지 정당이 바뀐 사람들을 분석한 결과 실제로는 지지 정당이 바뀌었음에도 자신이 지지하는 정당이 '바뀌지 않음'이라고 대답한 사람이 90%나 됐다. 스스로가 일관된 태도의 소유자라고 생각하고 싶은 정체성 유지 욕구가 이러한 기억의 왜곡을 가져온다고 볼 수 있다.

회상 시점에 새로운 관점을 부여함으로써 현재 관점을 기준으로 기억이 재구성된다는 점을 증명한 실험도 있다. 어떤 여성의 생육사(生育史)를 읽게 한 후 한쪽 그룹에는 그 여성이 동성애자라는 정보를 알려줬고 다른쪽 그룹에는 그 여성이 이성과 성생활을 한다는 정보를 알려줬다. 그리고 1주일 후에 해당 여성의 생육사를 회상하도록 했다.

그 결과 동성애자라는 정보를 들은 그룹은 이성과 성생활을 한다는 정보를 들은 그룹보다 동성애와 관련된 일화를 더 많이 회상하는 것으로 나타났다. 생육사를 읽을 시점에는 여성의 성향에 대한 정보를 부여하지 않았으므로 후에 부여된 정보가 회상 방식에 영향을 준 셈이다. 해당 여성의 생육

1986.●.●.

제가 처음 폭발 소식을 알게 된 것은 기숙사에서 룸메이트와 TV를 보고 있을 때입니다. 뉴스 속보로 떠서 정말 깜짝 놀랐습니다. 뉴스를 보자마자 위층 친구 방까지 가서 소식을 전했고 본가 부모님께 전화도 했습니다.

크게 변화

1989.●.●.

종교 수업 시간에 학생 몇 명이 교실에 들어와서 그 소식을 이야기하기 시작했습니다. 자세한 내용은 알 수 없었지만, 학생들이 다 같이 보고 있는 자리에서 폭발했다고 듣고 큰일이 났다고 생각했습니다. 수업이 끝나고 기숙사로 돌아와 보니 TV에서 그 소식을 전하고 있어서 그때에서야 자세하게 알 수 있었습니다.

나이서와 하쉬(Neisser & Harsch)는 1986년의 우주왕복선 챌린저가 폭발한 다음 날 해당 사고 뉴스를 어떻게 알게 되었는지를 학생들에게 작성하도록 했다. 그리고 3년 후에 3년 전 조사 당시 어떻게 대답했는지를 떠올리게 해서 다시 작성시켰다. 그 결과 3년 전 대답과 일치하는 사람은 고작 7%였고 대부분은 전혀 다른 대답을 했다.

(Neisser & Harsch, 1992, 사가라, 2000)

사를 회상할 때 현재 그 여성에게 가지고 있는 관점에 따라 생육사를 재구성했다고 할 수 있다.

이렇듯 우리의 기억은 회상 시점의 관점에 따라 변화된다. 그렇다면 우리가 매일매일 다양한 경험을 통해 관점이 넓어지면 사물을 보는 방식이 달라지는 것뿐 아니라 자기 과거의 기억도 달라진다. 어떠한 충격적인 경험을 하거나 가치관·인생관을 흔들 만한 경험을 통해 관점이 달라지면 자신의 과거 기억도 달라지고, 특정 인물에 대한 평가나 인상이 달라지면 그 사람에 대한 기억도 달라지는 것이다.

기억이 달라진다는 것은 자신이 달라지는 일이기도 하며 자신이 살아가는 세계가 달라지는 일이기도 하다. 과거의 안 좋은 기억을 안고 살아가는 사람도 용기를 가지고 그 기억과 마주해 보면 의외로 극복할 수 있는 일로 바뀌어 있을 수도 있다. 인생의 경험을 쌓아가면서 예전과는 다른 관점, 예전보다 여유 있는 관점으로 되돌아볼 수 있다. 그 덕분에 같은 경험이 예전만큼 위협적이지 않은 존재로 회상될 가능성이 있다.

같은 생육사를 읽었지만 읽은 후에 부여된 주인공과 관련된 정보에 따라 회상하는 일화가 달라진다. 회상 시점의 관점이 떠올리는 내용을 바꾸고 있다.

현재 삶에 적응하지 못하는 사람의 어두운 과거?

기억이 '현재'를 투영한다는 사실에서 알 수 있는 점은 회상하는 내용은 회상하는 사람의 '현재' 정서 상태가 반영되어 있다는 것이다. 과거의 경험을 회상할 때 일반적으로 과거의 경험이 그대로 기억 속에서 인출된다고 생각하기 쉽다. 하지만 기억의 재구성 이론에 따르면 실제로는 그렇지 않다. '현재' 정서 상태에 따라 과거를 되돌아보는 관점이 달라지며 '현재' 정서 상태에 따라 인출되는 과거 일화도 달라진다.

애착(Attachment)이라는 단어를 들어본 적이 있을 것이다. 애착은 인간관계의 기반이며 미래 대인관계의 기본형을 만들기에 심리학에서는 상당히 중요한 개념이다. 애착은 주로 영유아기의 양육자와의 애착 관계 및 신뢰 관계를 의미한다. 영유아기 양육자와의 관계가 안정적이고 충분한 애정과 신뢰가 있을 때 건전한 애착이 형성된다. 나아가 타인을 신뢰하고 자신의 가치도 인정할 수 있어 성인이 되어서도 안정적인 인간관계를 구축할수 있다. 반대로 양육자와의 관계가 불안정하면 건전한 애착이 형성되지 못한다. 타인을 신뢰하지 못하고 자신의 가치를 확인할 수 없어 성인이 되어서도 인간관계가 불안정해지기 쉽다.

이 애착과 유아기 회상의 관계를 검토한 조사가 있다. 이 조사는 유아기에 부모에 대한 애착 상태를 평가한 데이터가 보관된 대학생을 대상으로 이루어졌다. 어린 시절을 회상 및 평가하도록 하고 이와 동시에 현재 대학 생활의 적응 상태도 평가하도록 했다.

그 결과 회상한 어린 시절 모습은 당시 평가한 애착 안정성과는 관련이 없고 현재 적응 상태와 관계가 있는 것으로 나타났다. 즉 유아기 애착이 불안정한 청년이 유아기 애착이 안정적이었던 청년과 비교해 자신의 유아기가 더 불안정했다거나 불행했다고 평가하는 경우는 없었다. 그러나 자신의 지금부터 약 1600년 전 종교학자 아우구스티누스는 자기 영혼의 일대기를 담은 《고백록》에서 독자적인 기억론을 펼쳤다. 이는 20세기 심리학적 기억론을 능가한다고 평가할 수 있으며 현대 기억론에 큰 시사점을 던져줬다.

'예를 들어 내가 미래와 과거를 아직 이해하지 못한다고 하더라도 나는 다음 사실을 알고 있습니다. 이 두 가지 시간이 어딘가에 있다면 이는 그곳도 아니라 미래도 아니고 과거도 아니며 현재로서 존재합니다. 즉 만약 그 시간이 거기에서는 미래라면 미래는 아직 그곳에 존재하지 않으며 또한 만약 그 시간이 거기에서 과거라면 과거는 이미 존재하지 않습니다. 그러므로 미래와 과거가 어디에 있든지 존재하는 시간은 현재 외에는 없습니다.'

아우구스티누스 '고백록' (401)

이에 더해 기억과 연결 지어서 이하와 같이 이어진다.

'그렇다면 지금 명확한 것은 미래는 존재하지 않고 과거도 존재하지 않는다는 사실입니다. 또한 우리는 애당초 '때에 따라서는 과거, 현재, 미래의 세 가지가 존재한다'라고 말할 수 없다는 사실입니다. 오히려 우리는 다음처럼 말할 수 있을 것입니다.

세 가지 시간이 있다.
과거로서의 현재,
현재로서의 현재,
미래로서의 현재.

실제로 이것은 어떤 종류의, 소위 영혼 속에 있는 세 가지입니다.
저는 이들을 영혼 외에서는 찾아볼 수 없습니다.

과거로서의 현재는 기억(memoria)이며,
현재로서의 현재는 직관(contuitus)이며,
미래로서의 현재는 기대(expectatio)입니다.'

과거를 사실로 바라보는 것은 잘못이며 과거는 어디까지나 현재의 기억 속에 있다. 그렇기에 과거에 관한 기억은 '현재' 정서 상태를 반영한다. 현재 삶에 적응한 사람의 과거는 밝고 현재 삶에 적응하지 못한 사람의 과거는 어둡기 마련이다.

유아기를 부정적으로 회상하는 청년은 현재 생활에 잘 적응하지 못하는 경향을 확인할 수 있었다.

즉 유아기의 애착이 양호했기에 자신의 유아기를 긍정적으로 회상하는 것이 아니라 현재 대학 생활에 만족하고 있기에 자신의 유아기를 긍정적으로 회상하는 경향을 보인다는 사실을 알게 된 것이다.

이 결과는 과거가 현재 상태를 바탕으로 재평가 및 재구성된다는 점을 여실히 보여준다. 떠올리는 과거가 어둡다면 그것은 과거 탓이 아니라 현재가 만족스럽지 않다는 사실을 의미할 수도 있다.

과거에 문제가 있어서 지금 내가 이 모양이라고 치부하는 사고방식처럼 일이든 인간관계든 현실의 요구를 잘 감당하지 못하는 것을 자기 성장 과정 탓을 하는 사람들이 있다. 어덜트 칠드런(Adult Children)이라는 말이 유행하면서 특히 내 탓이 아니라는 식으로 뻔뻔해지는 사람이 눈에 띄기 시작했다. 뻔뻔해진다고 될 일이 아니다. '현재'를 잘 살아가고 '현재'의 정서 상태를 개선할 수 있다면 자신의 과거도 다르게 회상할 수 있을 것이다. 자신의 과거를 긍정적으로 회상할 수 없는 것은 현재 자신이 긍정적으로 살고 있지 않기 때문이지 않을까?

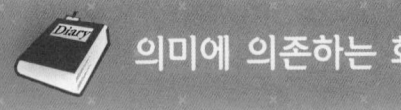

의미에 의존하는 회상

우리는 툭하면 의미를 찾으려 한다.

눈앞에 무언가를 볼 때도 우리는 거기에서 의미를 찾으려고 한다. 그림은 '남자와 소녀'라는 작품명을 가진 일련의 도판이다. 이 그림을 왼쪽 위의 그림 a부터 순서대로 본 사람의 눈에는 남자의 얼굴이 보일 것이며 그림 d나 그림 e까지 가도 역시나 남자 얼굴이 계속 보일 것이다. 그러나 왼쪽 아래의 그림 h부터 순서대로 본 사람 눈에는 나체로 울고 있는 여성의 모습이 보일 것이며 그림 e나 그림 d까지 가도 역시나 나체로 울고 있는 여성으로 보일 것이다.

그림 d나 그림 e는 남자 얼굴로도 보이고 나체의 여성으로도 보인다. 어느 쪽으로 보이는지는 맥락에 따라 달라진다. 맥락이 규정하는 것은 바로 의미이다. '남자 얼굴'이라고 생각하고 보면 남자 얼굴로 보이는 도판이 '여성의 나체'라고 생각하고 보면 나체의 여성으로 보인다. 보는 이가 생각하는 의미에 적합한 형태로 보이게 된다.

이 메커니즘을 기억과 연관 지어서 확인한 실험이 있다. 제시한 도형을 기억한 후 재생하는 실험인데 기명 시점에 그 도형에 이름을 부여하도록 했다. 이렇게 라벨링 하는 행위가 나중에 어떤 식으로 기억 재생에 영향을 미칠지 검토하는 실험이다. 실험에서는 몇 가지 도형을 사용했으며 각각의 도형에 2종류의 라벨을 마련했고 개인별로 둘 중 하나의 라벨을 부여받아 도형을 기억하도록 했다.

그 결과 같은 도형을 기억했더라도 부여받은 라벨이 다르면 회상하는 도형 간에 특정적인 차이가 나타나는 것을 확인할 수 있었다. 재생한 도형은 기명 시점에 제시한 원본 도형과 비교했을 때 라벨이 가진 의미에 맞게 변형되어 있었다.

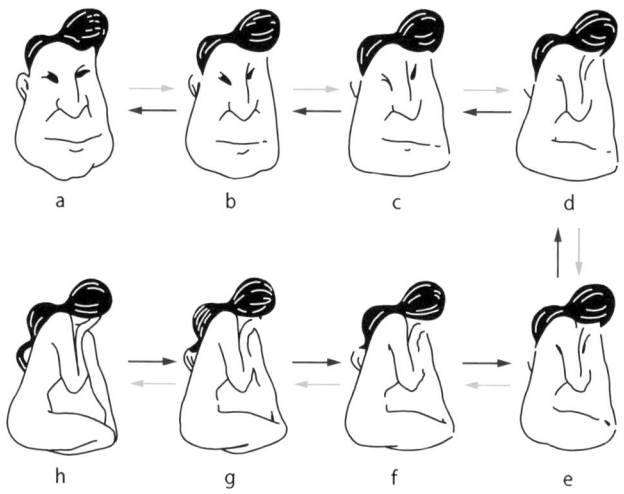

a b c d

h g f e

(Fisher, 1968: 에노모토, 1998)

'a→b→c' 순서로 보면 'd'나 'e'는 남자 얼굴로 보이지만 'h→g→f' 순서로 보면 'e'나 'd'는 나체 여성이 울고 있는 모양으로 보인다. 우리의 지각이 얼마나 맥락에 의존하고 있는지 알 수 있다.

그림은 필자가 수행한 실험과 결과를 정리한 것이다. 가장 상단의 도형은 같은 도형을 '창문과 커튼'이라는 라벨과 함께 기억한 그룹과 '사각형 안의 다이아몬드'라는 라벨과 함께 기억한 그룹이 재생한 도형이다. 이 재생 결과에서 전형적인 차이를 확인할 수 있었다. '창문과 커튼'이라는 라벨과 함께 기억한 그룹은 창문에 커튼이 걸려있는 곡선 볼륨이 느껴지는 도형을 재생하는 경향이 있었다. 한편 '사각형 안의 다이아몬드'라는 라벨과 함께 기억한 그룹은 사각형 틀 안에 다이아몬드가 들어가 있는 듯한 직선적 도형을 재생하는 경향을 보였다.

다른 도형도 마찬가지였다. 가운데 도형의 경우 '아령'이라는 라벨과 함께 기억한 결과 손잡이 부분을 의식해서인지 마치 아령처럼 2개의 원이 떨어진 도형을 재생하는 경향이 있었지만, '안경'이라는 라벨과 함께 기억하면 마치 안경처럼 2개의 원이 가깝게 자리 잡은 도형으로 재생하는 경향을 보였다. 가장 하단의 도형도 '12, 13, 14중 13'이라는 라벨과 함께 기억했더니 숫자 '13'처럼 '1' 부분과 '3' 부분이 떨어진 도형을 재생하는 경향이 있었고 'A, B, C 중 B'라는 라벨과 함께 기억했더니 알파벳 'B'처럼 '1' 부분과 '3' 부분이 붙어 있는 도형을 재생하는 경향을 보였다.

위 실험에서 분명히 알 수 있는 사실은 우리가 기억 내용을 회상할 때는 어떠한 의미를 부여하는 경향이 있으며 그 의미에 적합한 방향으로 회상 내용이 왜곡된다는 점이다.

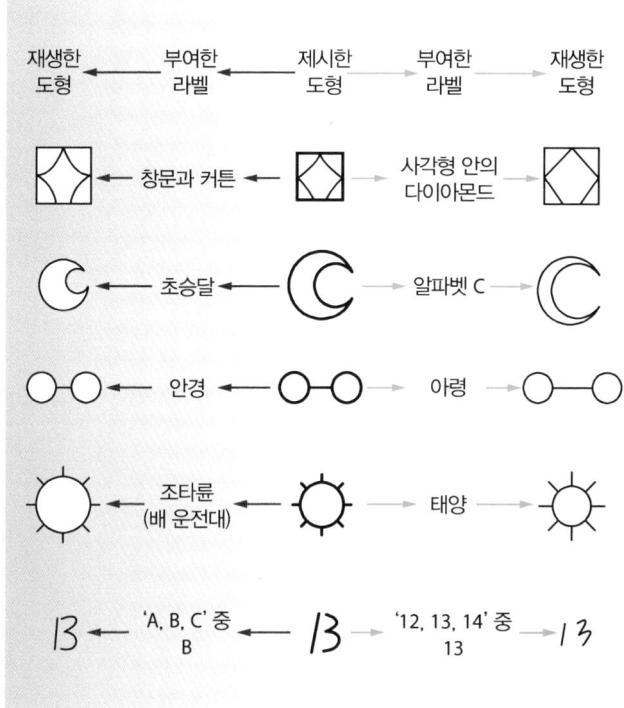

(에노모토, 1999)

가운데에 제시한 원본 도형이 같더라도 '창문과 커튼'이라는 라벨과 함께 기억한 그룹은 창문에 커튼이 걸려있는 곡선적인 볼륨이 느껴지는 도형을 재생했다. 반면에 '사각형 안의 다이아몬드'라는 라벨과 함께 기억한 그룹은 직선적인 도형을 재생했다. 다른 도형도 마찬가지로 기명 시점에 도형과 세트로 부여받은 라벨과 가까운 방향으로 재생 도형이 왜곡되었다. 이를 통해 우리는 회상할 때 의미에 의존해 기억을 재구성한다는 사실을 알 수 있다.

제 2 장

기억의 메커니즘
기억이 만들어지는 과정

기억이 모호한 이유를 알기 위해서는 기억이 어떻게 만들어지고 얼마나 많은 정보량을 기억할 수 있는지 같은 기본적인 메커니즘을 확실하게 파악해야 한다. 제2장에서는 기억의 기본 과정부터 기억의 종류, 감정과 기억의 관계 등에 대해 자세하게 설명한다.

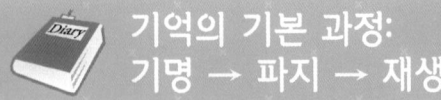

기억의 기본 과정:
기명 → 파지 → 재생

다양한 연령대의 사람들이 모여 노래방에 가면 연장자들은 하나 같이 '요즘 노래는 머릿속에 안 들어와서 옛날 노래밖에 부를 줄 모른다'라는 말을 한다. 이런 발언을 하게 되었다면 나이를 먹은 증거라고들 말한다.

'요즘 노래는 머릿속에 안 들어와서 옛날 노래밖에 부를 줄 모른다'는 많은 연장자가 실제로 느끼는 바일 것이다. 하지만 여기서 잘 생각해 보면 기억의 신비와 맞닥뜨리게 된다. 최신곡은 금방 잊어버리는 사람이 왜 옛날 노래는 계속 기억할 수 있는 것일까? 기억력 감퇴가 원인이라면 오래된 기억부터 사라져도 이상하지 않은데 왜 옛날 노래는 기억하는 것일까?

이 의문은 기억의 기본적인 과정과 깊은 관련이 있다.

기억의 과정은 그림처럼 기명→파지→재생의 흐름을 가지고 있다고 알려져 있다.

기명(記銘, memorizing)이란 어떠한 정보를 마음에 각인하는 기능이다. 파지(把持, retention)는 기명된 내용을 유지하는 기능이다. 재생(再生, recall)은 유지한 내용을 인출하는 기능이다.

컴퓨터의 등장과 함께 인간의 마음의 기능을 정보 처리 모델로 설명하고자 하는 움직임도 대두해서 기억 연구 영역에도 정보 처리 이론이 도입되었다. 정보 처리 모델에서는 기억의 과정을 그림처럼 부호화→저장→인출의 흐름을 가진 정보 처리 과정이라고 본다.

부호화(符號化, encoding)란 입력된 정보를 내적 처리가 가능한 형식으로 변환하는 기능이며 기명을 가리킨다고 봐도 무방하다. 저장(貯藏, storage)은 부호화된 기억 표상을 저장하는 기능이며 파지를 달리 부르는 표현이라고 할 수 있다. 인출(引出, retrieval)은 필요한 기억 표상을 저장된 기억 표상 속에서 검색하는 기능이며 재생을 가리킨다고 봐도 된다.

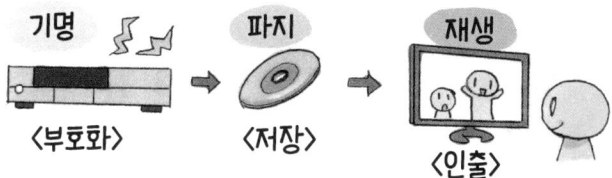

기억은 기명(부호화), 파지(저장), 재생(인출)의 일련의 과정으로 이루어진다. 부호화를 잘 수행하더라도 제대로 저장되지 않으면 올바르게 떠올릴 수 없다. 부호화가 부정확하다면 아무리 잘 저장했더라도 정확하게 떠올리기란 불가능하다. 부호화와 저장을 모두 잘 수행했더라도 인출에 실패하면 정확하게 떠올릴 수가 없다.

기명→파지→재생의 과정이든 부호화→저장→인출의 과정이든 기억의 기본적인 과정에 대한 개념에 차이는 없다.

즉 기억은 어떠한 정보를 기억하고 그 정보를 잊지 않기 위해 유지하며 이를 필요에 따라 떠올려 일상생활에서 활용하는 능력이라고 할 수 있다.

앞의 일화로 다시 돌아오면 나이가 들어 최신 노래가 머릿속에 안 들어오는 현상은 기명력이 약화 되었음을 의미한다. 다만 이는 단순히 기명력 감퇴만이 문제가 아니며 주의 및 관심과도 관련이 있다. 연장자는 젊은 사람들에 비해 유행하는 노래에 관심도 적고 주의를 기울이지 않기 때문에 기명이 잘 안된다고 볼 수 있다. 한편 옛날 노래라면 잘 부를 수 있는 이유는 기명력은 감퇴했지만 젊은 시절에 몇 번이고 부르면서 이미 강하게 기명되어 파지 및 재생이 잘 이루어지고 있기 때문이다.

이 일화 하나만 보더라도 기억이라는 정신 기능을 기명(부호화)→파지(저장)→재생(인출)의 과정으로 바라보는 기억의 기본적인 모델이 유효하다는 사실을 알 수 있다.

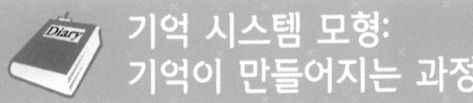

기억 시스템 모형: 기억이 만들어지는 과정

앳킨슨과 쉬프린(Atkinson, R. L. & Shiffrin, R. M.)은 정보 처리 이론에 기반한 인지심리학 관점에서 기억의 다중 저장 모형을 주창했다. 외부에서 입력된 정보가 어떠한 단계를 거쳐 처리되는지에 주안점을 두고 감각 기억(감각 정보 저장)→단기 기억(단기 정보 저장)→장기 기억(장기 정보 저장)의 3단계로 구분하고 기억 저장 및 재생(인출) 시스템을 모형화했다.

감각 기억이란 아주 짧은 시간만 정보가 유지되는 기억을 가리킨다. 외부에서 입력된 정보는 우선 감각 등록기에 들어오며 여기에서 감각 기억으로 아주 짧은 시간 유지된다. 대개 1초 이내에 소실된다. 보고 듣고 만지는 등 감각 기관을 통해 감지한 자극은 모두 감각 기억을 형성한다. 시각 자극의 감각 기억인 영사 기억(iconic memory)의 지속 시간은 500밀리 초 정도로 알려져 있다. 청각 자극의 감각 기억인 음향 기억(echoic memory)의 지속 시간은 5초 정도로 영사 기억보다는 훨씬 길다.

어느 감각 기관으로 들어오든 간에 무수한 자극이 감각 기관을 통해 끊임없이 유입되므로 특별히 주의를 기울인 자극이 아닌 이상 금세 사라진다. 그렇기에 우리는 끝도 없는 자극의 홍수로부터 위협받지 않고 살아갈 수 있는 셈이다. 눈으로 보고 귀를 듣고 만지는 모든 것을 저장했다면 순식간에 기억 용량을 초과해 옴짝달싹 못 하게 될 것이다.

단기 기억은 몇 초에서 수십 초 정도 유지되는 일시적인 기억이다. 예를 들어 단어 하나 기억하기는 쉽다고 느낄 수 있지만 기억한 직후에 전혀 상관없는 계산을 시키면 3초 후에는 50%, 10초 후에는 20%의 사람만 기억하고 있다. 18초 후에는 거의 기억하는 사람이 없다.

한편 유지하고자 하는 자극을 머릿속에서 시연(반복, rehearsal)해 유지 시간을 연장할 수 있다. 예를 들어 전화번호를 귀로 듣고 전화를 걸 때는 들

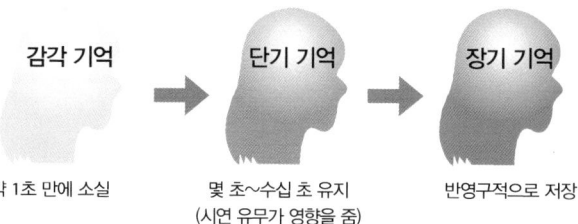

감각 기억 → 단기 기억 → 장기 기억

약 1초 만에 소실   몇 초~수십 초 유지   반영구적으로 저장
                (시연 유무가 영향을 줌)

감각 기억은 한순간에 소실되지만, 시연을 통해 단기 기억으로 보낼 수 있다.
또한 정교화 시연을 효과적으로 수행하면 장기 기억으로 넘어간다.

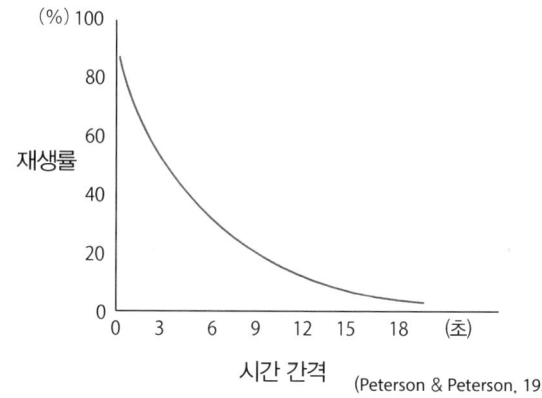

(Peterson & Peterson, 1959)

은 전화번호를 단기 기억으로 보내고 시연을 통해 계속 유지하면서 전화를 걸게 된다. 시연을 게을리하면 한순간에 전화번호의 기억은 사라져서 막상 전화를 걸려고 하면 번호가 기억나지 않아 또다시 연락처를 검색하는 일이 발생한다. 단 기계적 반복을 통한 시연은 음향 효과에 의한 저장이 이루어지고 있는 것뿐이므로 고작 몇십 초 정도면 사라지고 만다.

크레이크와 록하트(F. I. M. Craik & R. S. Lockhart)가 제창한 처리 수준 모형에 따르면 시연도 처리 수준의 깊이에 따라 두 종류로 분류할 수 있다. 음향적으로 반복하기만 하는 처리 수준이 얕은 유지 시연과 의미 부여 및 연상을 수행한 처리 수준이 깊은 정교화 시연이다. 유지 시연은 정보가 일시적으로 유지되지만, 정교화 시연은 정보가 장기 기억에 전송되어 오랜 기간 유지된다.

장기 기억이란 의미의 연쇄에 따라 유지되는 비교적 영속성 있는 기억이다. 장기 기억에는 지금까지 경험한 의미 있는 사안이나 지식이 저장된다. 뒤에서 기억의 종류에 대해 해설할텐데, 일화 기억이나 의미 기억은 장기 기억에 포함된다.

최근 단기 기억에는 기억 내용을 장기 기억으로 보내기 위한 시연 역할 외에도 지금까지 저장된 기억을 일시적으로 인출해서 대화, 사고, 독서, 계산 등 일상적인 인지 작업을 수행하는 작동 기억의 기능도 있다는 주장도 등장했다. 단기 기억의 중요성이 주목받고 있는 것이다.

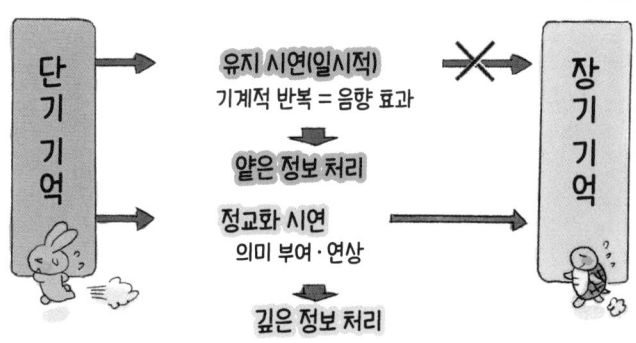

단기 기억 → 유지 시연(일시적) 기계적 반복 = 음향 효과 × 장기 기억

얕은 정보 처리

정교화 시연 의미 부여·연상 →

깊은 정보 처리

시연 처리 수준

단기 기억

장기 기억

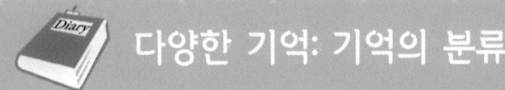
다양한 기억: 기억의 분류

우리가 일상생활에서 활용하는 기억은 주로 장기 기억이다. 장기 기억은 일화 기억(episodic memory), 의미 기억(semantic memory), 절차 기억(procedural memory)으로 나눌 수 있다.

그림과 같이 기억은 진술 기억과 비진술 기억으로 나눌 수 있다. 진술 기억에는 일화 기억과 의미 기억이 포함된다. 비진술 기억에는 절차 기억이 포함된다.

진술 기억은 언어적으로 기술할 수 있는 기억을 뜻한다. 심리학자 툴빙(Endel Tulving)은 개인적으로 일어난 일을 기억하는 기억과 사실적이고 개념적인 지식 기억을 구분했으며 전자를 일화 기억, 후자를 의미 기억이라 칭했다.

일화 기억은 개인적 경험에 관한 기억으로 특정 시간과 장소 정보에 연결되어 구체적으로 일어난 일을 저장한다. 몇 살 때 이런 일이 있었고 누가 어제 이런 말을 했다는 등의 개인적 경험과 일화에 대한 기억이 전형적인 예이다.

의미 기억은 특정한 시간과 장소와 관련이 없는 일반적인 지식 및 개념에 관한 기억이다. 사물의 명칭, 추상적 개념, 단어의 뜻 등의 그 예시이다.

비진술적 기억이란 언어적으로 기술하기 어려운 기억을 의미한다. 여기에 포함되는 절차 기억은 인지적 및 행동적인 일련의 절차로서 재현되는 기억이며 주로 기능과 관련한 기억을 가리킨다. 운동 기능 및 연설 기능, 매너 등이 대표적이다.

기억의 분류

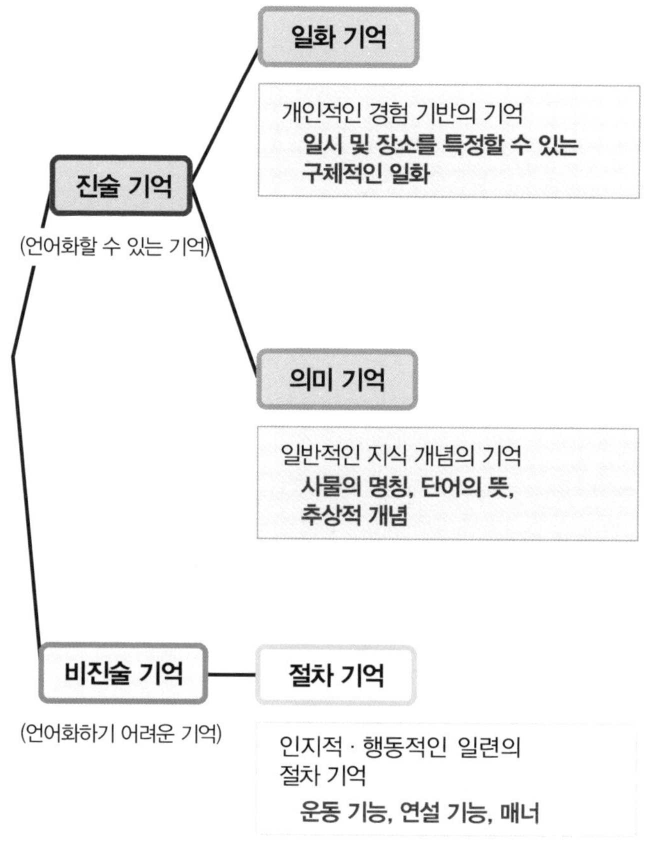
일화 기억
개인적인 경험 기반의 기억
일시 및 장소를 특정할 수 있는 구체적인 일화
진술 기억
(언어화할 수 있는 기억)
의미 기억
일반적인 지식 개념의 기억
사물의 명칭, 단어의 뜻, 추상적 개념
비진술 기억
(언어화하기 어려운 기억)
절차 기억
인지적 · 행동적인 일련의 절차 기억
운동 기능, 연설 기능, 매너

일화 기억이란? - 그리운 추억부터 일상에서 일어나는 사건까지

자기 경험이나 사회적 사건에 대한 기억을 일화 기억이라고 한다.

이 개념을 제창한 툴빙에 따르면 일화 기억은 특정 시간 및 장소에서 겪은 개인의 경험을 의식적으로 회상하는 기억이다.

툴빙의 일화 기억에 대한 정의를 보면 일화 기억은 자전적 기억에 국한되어 있는 인상을 받게 된다. 자전적 기억이란 어렸을 적부터 현재까지의 한 개인의 역사를 구성하는 기억이다. '유치원 때 축구 교실에서 넘어져서 뼈가 부러졌다.', '초등학교 3학년 때 전학했다.', '전학 간 학교에서는 자주 싸웠다.', '대학생 때 서울에서 살기 시작했다.', '취직한 회사가 3년 차 때 부도났다.' 등 자기 행동이나 자신에게 벌어진 사건이 자전적 기억에 해당한다.

다만 기억을 분류해 보면 자신과 관련한 기억뿐 아니라 목격하거나 전해 들은 내용도 일화 기억으로 분류하는 편이 편하다는 것을 알 수 있다. 따라서 사회적 사건도 일화 기억에 포함하기로 한다. 사회적 사건과 관련한 기억에는 '2002년 월드컵 때는 엄청나게 많은 사람들이 붉은 옷을 입고 거리로 나와서 응원했대'와 같은 자신과 거리가 있는 사건의 기억도 있는가 하면 '○○님이 어제 과장님한테 업무 실수를 지적받았는데 적반하장으로 나와서 난리도 아니었다.'와 같은 주변에서 일어난 사건에 대한 기억도 있다. 즉 사회적 사건에는 TV나 신문에서 알게 되거나 다른 사람에게 들은 나와 거리가 먼 일화뿐 아니라 친구나 직장 동료 등 지인의 일화 정보도 포함된다.

일화 기억에는 '초등학생 때 키우던 새가 죽어서 슬펐다', '중학생 때 피아노 콩쿠르에서 입상해서 엄청 기뻤다.', '지난주에 상사한테 억울하게 혼나서 짜증 났다.' 등의 감정이 동반되는 경우도 많다. 심리상담의 주안점 또한 강한 감정을 동반하는 일화 기억의 덮어쓰기 또는 감정가(valence)의 경감이다. 물론 그리운 사람과의 일화나 청춘 시절의 일화 등 떠올리면 마음이 따뜻해지는 일화도 많다. 한편 '매주 토요일에 슈퍼에 장 보러 간다.', '오늘은 아직 신문을 읽지 않았다.'와 같이 특별한 감정이 동반되지 않는 경우도 있다.

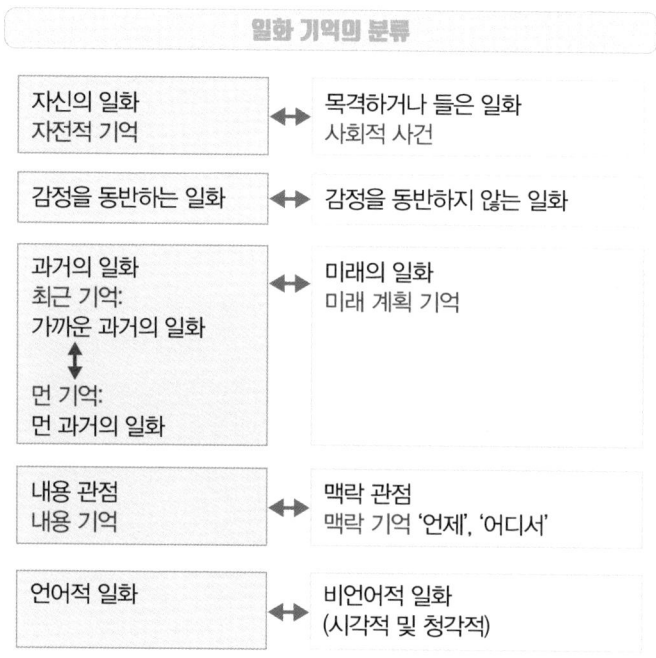

일화 기억의 분류

자신의 일화 자전적 기억	↔	목격하거나 들은 일화 사회적 사건
감정을 동반하는 일화	↔	감정을 동반하지 않는 일화
과거의 일화 최근 기억: 가까운 과거의 일화 ↕ 먼 기억: 먼 과거의 일화	↔	미래의 일화 미래 계획 기억
내용 관점 내용 기억	↔	맥락 관점 맥락 기억 '언제', '어디서'
언어적 일화	↔	비언어적 일화 (시각적 및 청각적)

일화 기억에는 과거 관련 기억, 미래 관련 기억처럼 시간적 방향성을 구별할 수 있다. 미래와 관련한 기억 중 대표적인 것이 미래 계획 기억이다.

시간적 방향성뿐 아니라 시간적 거리도 구별할 수 있다. 어느 정도는 기억하고 있다가 금방 잊는 기억을 최근 기억(recent memory)이라고 한다. '오늘 아침 식사 메뉴' 등은 그날 중에는 기억하고 있지만, 저장할 필요가 없으므로 며칠 후에는 잊힐 것이다. 그에 비해 시간이 지나도 좀처럼 잊지 않고 기억에 정착하는 기억을 먼 기억(remote memory)이라고 한다. '어린 시절 미국에서 1년간 지냈다'와 같은 기억은 쉽게 지워지지 않는다.

일화 기억은 내용과 맥락의 형식으로 구분할 수도 있다. 사건 자체의 기억을 내용 기억(content memory), '언제', '어디에서'처럼 내용에 따라오는 기억을 맥락 기억(context memory)이라고 한다. 내용은 떠올라도 맥락이 떠오르지 않는 경우도 많다.

일화 기억은 대표적인 진술적 기억인데 언어화되지 않는 일화 기억도 존재한다. 여행 중 일화를 추억할 때 여행지의 풍경이 시각 영상으로 회화적으로 회상될 때도 있다. 글자로 쓰인 일기보다 그림일기나 앨범처럼 언어로 적혀 있지 않지만 마음을 울리는 일화를 담아내는 수단의 대표가 영상이다.

최근에는 기록을 동영상으로 많이 남긴다. 언어화되지 않아도 운동회의 일화나 가족 여행의 일화를 생생하게 전달한다. 일화 기억에도 그러한 측면이 분명히 있을 것이다. 이렇게 보면 일화 기억은 반드시 언어적인 기억이 아닐지도 모른다.

의미 기억이란?
– 사회생활을 영위할 수 있게 해주는 존재

의미 기억이란 특정 시간 및 장소와 상관없는 일반적인 지식 및 개념과 관련한 기억이다.

같은 언어적 기억인 일화 기억과 의미 기억을 구별한 사람은 툴빙이다. 특정 시간 및 장소와 관련한 구체적인 사건에 대한 기억이 일화 기억, 특정 시간 및 장소와 상관없는 일반적 및 추상적인 기억이 의미 기억이다.

사물의 명칭, 추상적 개념, 단어의 의미 등이 대표적 의미 기억이다. 많은 사람이 시험공부에 시달렸던 경험을 한 적이 있을 텐데 시험에서 요구하는 지식은 바로 의미 기억이다. 시험공부 등 학습 상황뿐 아니라 일상생활의 다양한 장면에서 의미 기억이 활용되고 있다. 의미 기억 없이 일상생활은 성립할 수 없다.

사람 이름, 사물 명칭, 역 이름, 지명, 회사명 등 고유 명사의 기억도 의미 기억이다. 바위, 꽃, 나무, 고양이, 새 등 사물 및 생물의 개념과 학교, 회사, NPO, 병원, 호텔 등 사회적 구성체의 개념 및 의미도 의미 기억에 포함된다. 법률 및 각 게임의 규칙 등의 추상적 지식도 의미 기억이다.

의미 기억은 일상생활에서 활용하기 쉽도록 기억 속에서 네트워크를 구성하고 있다. p75 위의 그림은 의미 기억의 네트워크 모형이다. 보다시피 각 개념이 공통의 특성을 바탕으로 연결되어 의미 기억의 네트워크를 형성하고 있다. '버스', '구급차', '소방차', '트럭' 등은 '탈것'으로 네트워크가 형성되었으며 '주황', '빨강', '노랑', '초록' 등은 '색깔'의 네트워크를 형성했다. 그리고 '소방차'와 '빨강'이 '소방차의 색깔은 빨갛다'와 같은 지식을 기반으로 연결되어 '탈것'의 네트워크와 '색깔'의 네트워크가 접점을 이루는 곳에 있다.

의미 기억은 계층적으로 조직된 기억 구조를 가진다. p75 아래 그림처럼

의미 기억의 분류

사람

고유 명사

사람, 사물, 지역,
역, 회사, 가게
등의 명칭

사물 및 생물의 개념

바위, 꽃, 나무, 고양이, 새 등

꽃
새

사회적 구성체의 개념

학교, 회사, NPO,
병원, 호텔 등

병원
호텔

가게

추상적 지식

법률, 게임 규칙 등

법률
육법전서

각 개념은 네트워크 속의 연결점으로 표현된다. '지느러미'와 '아가미'가 있고 '헤엄치는 것'이 '물고기'이며, '날개'와 '깃털'이 있고 '나는 동물'이 '새'이며, '카나리아'와 '타조'는 '새'의 하위 개념이고 '연어'와 '상어'는 '물고기'의 하위 개념이다.

이들은 우리에게 공통의 의미, 사회 및 문화에서 공유하고 있는 의미에 대한 기억이다. 사회에서 공유할 수 있는 의미 기억 네트워크 외에도 개인의 경험 축적으로 만들어진 독자적인 의미 기억 네트워크가 있다. 가령 인간관이나 인생관이 얽힌 것들이다. '인간이란…', '행복이란…', '삶의 의미란…', '남자란 모름지기…', '여자란 자고로…'와 같은 가치관과 관련한 추상적인 개념은 개인적 경험에 바탕을 둔 지극히 주관적인 의미 기억이라 할 수 있다.

툴빙은 의미 기억을 언어적인 기억으로 한정 지었지만, 그 후의 연구를 보면 반드시 언어를 매개하지 않는 의미 기억까지 확대하는 경향도 보인다. 앞서 언급한 '행복이란…', '삶의 의미란…'과 같은 추상적 관념은 막연하게 알고 있다고 해도 좀처럼 언어적으로 설명하기가 어렵다.

또한 일화 기억과 의미 기억의 경계는 상당히 모호하다. 두 기억을 구분하는 데 비판적인 연구자도 있으며 의미 기억에 시간 정보를 추가한 기억이 일화 기억일 뿐 두 가지의 기본 메커니즘은 같다고 보는 견해도 있다. 예를 들면 뉴스에서 본 특정 사건은 일화 기억을 형성하지만, 어느샌가 역사적 사건이 되어 일반적 지식인 의미 기억으로 이행하는 예도 있다.

콜린스와 로프터스의 의미 기억 모델

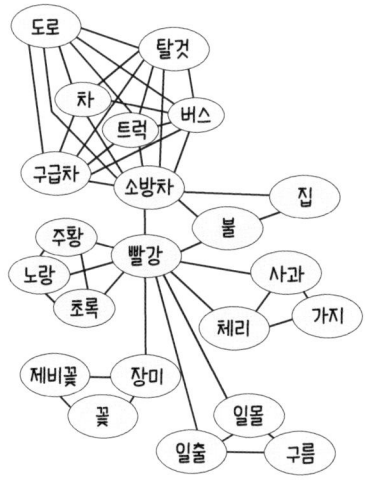

(Collins & Loftus, 1975: 오타 · 다지카, 2000)

계층으로 조직된 기억 구조의 예시

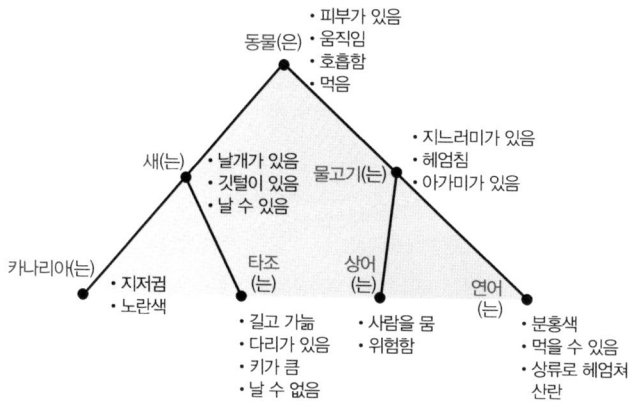

(Collins & Loftus, 1969: 오타 · 다지카, 2000)

절차 기억이란?
- 운동과 업무, 사회적 매너의 기억

운동이나 업무 스킬과 관련한 기억을 절차 기억이라고 한다. 운동 능력 및 기술이 필요한 기능 및 습관을 만드는 기억, 절차적 지식 등 언어화하기 어려운 기억을 가리킨다.

자전거 타는 법, 수영하는 법, 피아노 치는 법 등은 전형적인 절차 기억이다. 이들 기능은 반복 훈련함으로써 자연스럽게 익히게 된다. 숙달하면 의식하지 않아도 자연스럽게 신체가 잘 움직일 수 있다. 여기에 절차 기억이 작용하고 있다. 언어적으로 이해하고 기억하는 것이 아닌 몸으로 기억한다.

오랜만에 해보면 잘 안 되는 일이 있다. 그럴 때도 언어적인 기억을 인출하는 것이 아니라 몸을 움직이다 보면 어느샌가 기억나서 자연스럽게 움직이게 된다. 말로는 설명할 수 없지만, 몸의 움직임을 감각으로 기억하는 것이다. 스포츠 선수나 예술가의 퍼포먼스는 절차 기억으로 인해 발휘할 수 있는 셈이다.

이러한 동작 관련 기억은 의식적으로 제어하기가 어려운 부분이 있다. 피아노를 칠 때 손가락 움직임을 의식하자마자 실수하는 경우가 있다. 절차 기억은 평소에 자동화되어 잘 기능하고 있으므로 새삼 의식하면 운동 흐름이 깨지게 된다.

이렇듯 절차 기억은 암묵 기억화 되어 있다. 암묵 기억은 소실되기 어려운 성질을 가진다. 원래 표면 의식으로 드러나지 않는 기억이기에 평소에 의식하지 않더라도 잘 잊지 않는다. 어렸을 적에 좀처럼 자전거를 타지 못해서 탈 수 있을 때까지 몇 번이고 넘어지고 무릎이 까지는 고생까지 해서 한번 타는 법을 익힌 사람은 몇 년이 지난 후에 다시 타도 잘 탈 수 있다. 말로 설명하기 어려운 요령을 몸이 감각적으로 기억하게 된 것이다.

절차 기억의 경우 대개 의식화되지 않고 쉽게 잠재화하기 때문에 의식해

다양한 절차 기억

운동 기능
자전거 타는 법, 운전하는 법, 수영하는 법, 테니스 서브하는 법, 스케이트 타는 법, 야구 피칭하는 법, 배팅하는 법

예술 기능
피아노 치는 법, 바이올린 켜는 법, 플루트 부는 법, 트럼펫 부는 법, 붓글씨 쓰는 법, 유화 그리는 법, 조각하는 법

  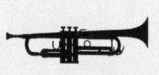

업무 기능
사회 진행하는 법, 프레젠테이션하는 법, 문서 처리하는 법, 전화 응대하는 법, 영업 대화하는 법, 타사 및 타 부서와 절충하는 법, 기계 정비하는 법, 설계도 그리는 법

사회적 매너
인사하는 법, 감사장 보내는 법, 존댓말 쓰는 법, 결례되지 않게 하는 법, 식사 예절

절차 기억은 언어적으로 기억되어 있지 않고 잠재 기억으로서 행동을 제어하는 역할을 맡고 있다.

서 떠올리려고 하지 않아도 몸이 기억한다. 아무리 떠올리려 해도 생각나지 않았던 예전 주소를 펜을 들자마자 술술 적게 되는 경험이 있을 것이다. 신체 운동으로서 기억된 예다.

운동 기능 외에도 업무 스킬이나 사회적 매너 등도 절차 기억에 포함된다. 예를 들어 회의 진행 방법, 프레젠테이션 스킬, 실수했을 때 고객에게 사과하는 법 등도 절차 기억이다. 이러한 사회적 스킬도 처음에는 지식으로서 배우지만, 훈련을 거듭하면서 지식을 넘어 체득한 기능으로 업그레이드할 수 있다.

최근 들어 커뮤니케이션에 어려움을 겪거나 사회적 매너가 몸에 배지 않은 청년층 증가가 심각한 사회문제가 되고 있다. 앞서 설명한 스킬이 몸에 배지 않아 다른 사람과 잘 어울릴 수 없어서 사회에 나아갈 자신이 없다며 은둔하기 십상이다. 이러한 문제는 지식 편중 문화 속에서 절차 기억 훈련이 뒷전으로 밀린 현재 세대에 경종을 울리는 것으로 생각해 볼 만하다.

'분위기 파악'이라는 말이 종종 쓰이게 된 것도 언어화되지 않는 부분과 관련한 스킬 결여를 보여주는 것이 아닐까?

마법의 숫자 7, 더하거나 빼기 2
- 기억할 수 있는 정보량

숫자를 불러 준 직후에 재생하게 하는 지능 검사가 있다. 검사자가 '5-8-2'라고 불러 주면 직후에 '5-8-2'라고 대답하는 방식의 테스트를 진행해 정답률 50%를 얻을 수 있는 개수를 숫자의 기억 범위라고 하며 평균적으로 7개라고 알려져 있다. 물론 기억을 잘하는 사람과 못 하는 사람 간의 개인차는 있지만, 사람 대부분의 기억 범위는 5개에서 9개 사이이다.

숫자 외에도 단어를 기억하는 과제, 문장을 기억하는 과제 등이 있는데 어떤 과제더라도 기억 범위는 7개 전후이다. 이 규칙을 발견한 심리학자 조지 밀러(George Miller)는 《마법의 숫자 7, 더하거나 빼기 2》라는 논문에서 정보 단위로서 청크(chunk)라는 개념을 제시했고 사람은 5~9개의 청크, 즉 평균적으로 7청크만 기억할 수 있다고 했다. 우리가 일상적으로 자주 사용하는 시내전화 국번은 대개 7자리로 구성되어 있는데 이는 이치에 맞는다고 볼 수 있다.

청크란 기억하는 사람에게 의미가 있는 덩어리를 뜻한다. 1개의 숫자나 글자를 따로따로 기억하면 평균 7개밖에 기억하지 못한다. 하지만 3개의 숫자를 조합해서 세 자릿수 숫자로 만들거나 3개의 글자를 조합해 세 글자 단어를 만들면 3개의 숫자나 문자가 하나의 청크를 형성한다. 이를 청킹(chunking)이라고 한다.

세 자릿수 숫자 또는 세 글자 단어 7개를 기억하면 기억하는 숫자 및 글자 수는 21개가 되어 기억 용량이 3배로 늘어난다. 또한 여러 개의 숫자가 조합된 수식이나 단어가 조합된 문장을 기억할 때 하나의 수식 및 문장이 하나의 청크를 형성하므로 7개의 수식 및 문장을 기억할 수 있게 되어 기억할 수 있는 숫자와 문자 수는 비약적으로 늘어난다.

이처럼 각각의 기억 재료 간에 의미상 관련성을 부여함으로써 1청크 당 정보량을 늘리면 기억 용량이 꽤 늘어나게 된다.

마법의 숫자 7±2

한 자릿수 숫자라면

5	9	4	3	1	7	6

세 자릿수 숫자라면

594	317	628	419	072	364	850

한 글자라면

사	**도**	**위**	**페**	**오**	**매**	**휴**

세 글자 단어로 만들면

사도위	**페오매**	**휴스모**	**투야우**	**취토소**	**류마쇠**	**와차나**

(에노모토, 2003을 수정)

의미 단위의 한 덩어리로 만들어서 1청크 당 정보량을 늘릴 수 있다.
이 방법이라면 7±2청크에 포함되는 정보량은 무한대로 늘어난다.

잡담만 기억나는 이유
– 이야기 구조를 가지는 기억

시험을 채점하다 보면 '답변은 거의 적지 못 했지만, 매번 꼬박꼬박 출석해서 교수님이 말씀하셨던 잡담은 정확하게 기억하고 있습니다.'와 같은 내용을 적어 둔 답안지와 마주할 때가 있다. 각 수업의 잡담 포인트까지 정리한 답안지도 있다. 막상 머리에 넣어둬야 할 중요한 내용은 기억이 안 나는데 선생님의 잡담만큼은 똑똑하게 기억하는 것이다.

이와 같은 사례는 기억이 본래 이야기 구조로 되어 있다는 점과 관련이 있다. 좀처럼 외워지지 않을 때 우리는 언어유희나 연상법을 활용한다. 이렇게 하면 웬만한 내용은 기억할 수 있다. 연상법의 유효성은 기억이 이야기 구조를 가진다는 사실을 보여준다.

우리는 지각한 정보를 기억하는데, 사실 기억보다 앞서 지각 자체가 이야기 구조를 가진다고 알려져 있다. 이를 보여주는 프레드릭 바틀렛의 고전적 연구를 살펴보자.

잉크 반점을 보여주는 실험으로 '여기에 잉크 반점이 있습니다. 특정한 무언가를 나타내지는 않지만, 다양한 것을 연상할 수 있습니다. 때로는 구름에서 특정 모양을 발견하고 불 속에서 사람 얼굴을 발견하듯 무엇이 보이더라도 상관없습니다.'와 같은 지시 아래 잉크 반점의 그림 카드를 본 사람들의 답변은 다음과 같았다.

'화가 난 부인이 안락의자에 앉아 있는 남자에게 말을 걸고 있고, 옆에는 목발'

'곰의 목과 물에 비친 자신을 보고 있는 암컷 새'

'화가 난 교구의 하급 관리가 바닥에 자국을 남기며 침입한 비버를 쫓아내고 있는 모습'

'축구공을 차는 남자'

이러한 답변을 보면 같은 자극이더라도 사람에 따라 얼마나 다르게 지각하는지를 알 수 있다. 이에 더해 잉크 반점으로 만들어진 단순한 자극을 보고 이야기를 만들어 내려는 끈질긴 심리 경향이 인간에게 있다는 사실을 깨닫게 해준다. 그만큼 우리는 이야기에 매여 살아가고 있다. 다시 말하면 우리는 무언가를 지각(知覺)할 때 이해할 수 있고 설명할 수 있는 의미 덩어리를 보는 습성이 있는 것이다. 내담자의 심층 심리를 알기 위한 심리 검사로서 임상 현장에서 자주 활용되는 로르샤흐 잉크 반점 검사도 이러한

지각(知覺)의 다양한 의미 부여

(바틀렛, 1932: 에노모토, 1999)

무엇을 의미하는지 알 수 없는 모호한 자극(도판 등)을 제시하고 그것이 무엇으로 보이는지를 묻는 심리 검사를 투사법이라 한다.
사람은 각각 독자적 주관의 세계에서 살고 있는데 그 세계를 구성하고 있는 욕구나 태도가 모호한 자극을 어떻게 수용하고 있는지를 나타낸다는 가설에 기반한 검사다.
투사법은 구조화되지 않은 다의적 자극이기 때문에 답이 정해져 있지 않고 답변 방식도 자유로워 독자적인 마음의 세계가 투사되기 쉽다.
이런 성질을 가진 투사법을 통해 우리의 지각이 이야기 구조를 가진다는 사실을 알 수 있다.

인간의 심리 메커니즘 위에 성립된다.

미쇼(Albert Michotte)가 수행한 지각 관련 고전적 실험도 지각이 이야기성을 추구한다는 사실을 보여준다. 이 실험에서는 두 개의 직사각형의 움직임이 인과관계를 지각하게 한다는 점을 증명했다. 직사각형 A가 다른 직사각형 B를 향해 움직이고 있으며 부딪히기 직전에 갑자기 정지한다. 그리고 이번에는 직사각형 B가 직사각형 A가 움직이던 방향으로 움직이기 시작한다. 이를 본 사람들의 전형적인 반응은 '직사각형 B가 직사각형 A에 방해가 되지 않도록 비켜줬다.', '직사각형 A가 다가오자 깜짝 놀란 듯이 직사각형 B가 도망치기 시작했다.'와 같이 두 개의 직사각형의 움직임 사이에 인과관계를 찾아내려고 한다.

본래 아무런 의미가 없는 기하학적 도형의 움직임에서조차 이야기성 맥락의 필터가 씌워진 채 지각하게 되는 것이다. 이렇게까지 우리의 지각 기능은 이야기성에 매여 있는 존재다.

미쇼의 실험

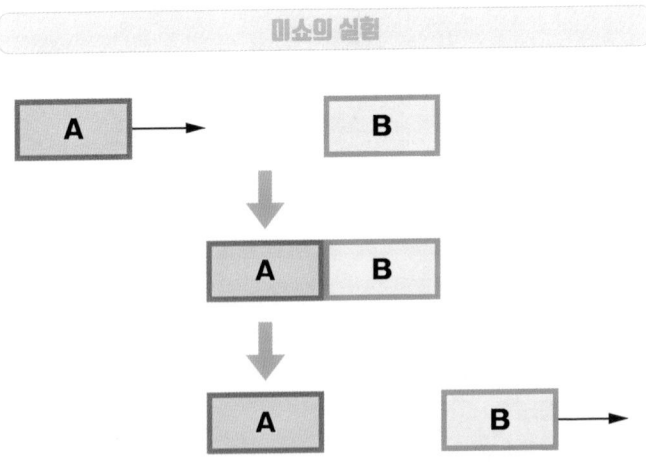

직사각형 A와 직사각형 B는 각각 독립적으로 움직였음에도 두 도형의 운동 간에 인과관계를 찾으려 한다. 이처럼 우리는 다양한 현상의 이야기성을 지각하려는 습성이 있는데 대표적인 것이 인과관계의 지각이다.

기억의 정착을 촉진하는 감정

케네디 대통령 암살 사건은 상당히 충격적인 사건이었으므로 대다수의 미국인은 해당 뉴스를 어디서 어떻게 알게 되었는지를 정확하게 기억하고 있다고 한다. 2001년 9월 11일 동시다발 테러 사건도 마찬가지로 많은 미국인의 기억에 강렬하게 각인되었을 것이다.

강렬한 감정을 환기하는 사건 기억이 쉽게 정착된다는 점은 체험담으로도 종종 듣지만, 과연 과학적으로 증명된 사실일까?

나치의 강제 수용소에 수용되어 있던 사람들의 증언을 시간 간격을 두고 수집해 두 증언을 대조한 조사가 있다. 강제 수용소의 생활은 비참함의 극치였을 것이며 그곳에서의 체험은 강렬하게 기억에 각인되었을 것으로 상상할 수 있다. 1943년~47년에 첫 번째 증언 수집이 이루어졌고 같은 사람들을 대상으로 1984년~87년에 두 번째 증언 수집이 이루어졌다. 대조 결과 수용소에서 겪은 끔찍한 경험은 40년의 세월이 지나도 거의 변함 없는 형태로 기억하는 사실을 확인할 수 있었다.

1989년 미국 캘리포니아주를 덮친 샌프란시스코 대지진에 대한 기억 관련 조사도 수행된 바 있다. 필자는 1992년~1993년 1년 동안 진원지와 가까운 해안가 지역에서 살고 있었다. 3년 이상 지났음에도 다운타운에는 피해를 본 건물이나 창문 유리가 깨진 채 문을 닫은 대형 은행 등이 남아 있는 등 지진의 공포를 보여주고 있었다.

해당 지진을 현지에서 경험한 사람들과 조지아주에 거주하고 있어 지진을 직접 경험하지 않은 사람들을 대상으로 지진 직후와 1년 반 후에 지진에 관한 상세한 기억을 질문했다. 캘리포니아에서 실제로 해당 지진을 경험한 사람들은 1년 반 후의 기억과 직후의 기억이 차이가 없었으며 1년 반이 지났어도 지진의 상세한 상황을 처음과 똑같이 기억하고 있었다. 그에 비해 조지아주에 거주하고 있는 사람들은 1년 반 후에 지진의 상세한 상황을 거의 기억하지 못했다. 직접 경험한 사람은 지식으로서 알고 있는 것뿐 아니라 강렬한 감정 반응을 경험했다는 점이 기억의 선명도에 영향을 준 것이라 볼 수 있다.

강렬한 감정이 기억의 정착을 촉진한다는 사실을 직접적으로 검토한 연구도 있다. 1994년에 발생한 O. J. 심슨 사건은 미국 전역의 높은 관심을 받았다. 살인 용의로 체포된 심슨에게 배심원단은 무죄 평결을 내렸다. 심슨이 흑인이며, 1992년의 로드니 킹 사건으로 인종 차별 문제를 규탄하는 폭동이 발생한 점을 고려해 배심원은 거의 흑인으로 구성되었다. 평결에 대해서 찬비 양론이 거셌으며 많은 백인은 평결이 잘못되었다고 봤고 흑인 대부분은 평결이 정당하다고 봤다. 해당 평결 3일 후에 조사가 이루어졌는데 결과를 어디서 어떻게 들었는지를 질문함과 동시에 평결을 알게 되었을 때 어느 정도의 감정 반응이 생겼는지, 평결에 찬성하는지 반대하는지를 물었다.

32개월 후에 다시 같은 질문을 한 결과 약 50%의 사람들의 기억은 32개월 전과 거의 다르지 않았다. 하지만 40% 이상의 사람들의 기억은 32개월 전과 크게 달랐으며 부정확한 상태였다. 약 3년 전 사건에 대한 기억 유지 여부를 규정하는 요인을 검토한 결과 기억의 정확성은 판결을 들었을 때의 감정 반응의 강도와 관련이 있었다. 즉 판결을 듣고 강렬한 감정 반응을 경험한 사람일수록 그 당시 일을 정확하게 기억하고 있었다.

지진 피해자

그때 지진은 세상이 끝나는 줄 알았어요. 무너진 빌딩이나 유리창이 깨진 은행도 있었고, 마치 악몽 같았어요.

지식으로만 알고 있는 사람

아…그랬죠.
그때 지진은 TV에서 봤는데 정말 무시무시한 광경이었어요.

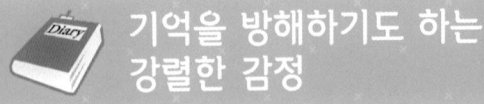

기억을 방해하기도 하는 강렬한 감정

강렬한 감정을 동반하는 사건이 기억에 정착하기 쉽다는 사실은 밝혀졌지만, 예외도 있다. 강렬한 감정을 동반하기에 반대로 기억이 희석될 때도 있다.

이는 목격자 증언 관련 연구 맥락에서 발견되었으며 목격 당시에 강렬한 감정 반응이 일어나면 기억 관련 정보 처리 능력이 저하한다는 심리 현상이다.

폭력 장면이나 잔인한 장면이 가져오는 정서적 각성(Emotional Arousal)이 목격자 증언에 미치는 영향을 조사하기 위해 은행 강도 영상을 활용한 실험이 있다. 영상 서두에서 강도가 은행원을 총으로 위협해 현금을 갈취하고 도주한다. 강도가 도주한 후 은행원이 '강도다, 현금을 가져갔다'라고 소리친다. 그랬더니 2명의 남성이 강도를 쫓아간다. 강도를 쫓아가니 주차장이 나왔고 주차장에는 2명의 소년이 놀고 있었다. 여기에서 분기점이 생긴다.

폭력 장면을 담은 영상에서는 주차장에서 도주용 차량을 향해 달려가던 강도가 뒤돌아보면서 뒤쫓아 오는 남성 2명을 향해 발포한다. 탄환은 주차장에서 놀고 있던 소년 중 한 명의 얼굴에 명중했고 그 소년은 얼굴에 손을 대면서 쓰러진다.

비폭력 장면을 담은 영상은 강도가 주차장으로 들어가니 2명의 소년이 놀고 있는 장면까지는 같지만, 여기서 영상은 다시 은행으로 바뀌면서 매니저가 주변 행원이나 고객에게 상황을 설명하고 그 자리를 수습하는 내용이다.

영상을 본 후 일련의 질문에 대답하도록 했고 마지막 질문은 주차장에서 놀던 소년이 입고 있었던 점퍼의 등번호가 무엇이었는지를 물었다. 정확하게 떠올린 사람의 비율은 비폭력 장면을 본 그룹은 28%인 데 비해 폭력 장면을 본 그룹은 고작 4%였다. 강렬한 감정 반응이 기억을 방해했다고 볼 수 있다.

또한 주목할 만한 주장으로 목격자 증언 관련 연구 맥락에서 제기된 흉기 주목 가설이 있다. 이는 흉기가 존재하면 목격자의 주의가 흉기로 쏠리기 때문에 범인의 얼굴 및 행동 같은 그 외 자극에 대한 주의력이 떨어지면서 진술 능력이 저하한다는 내용이다.

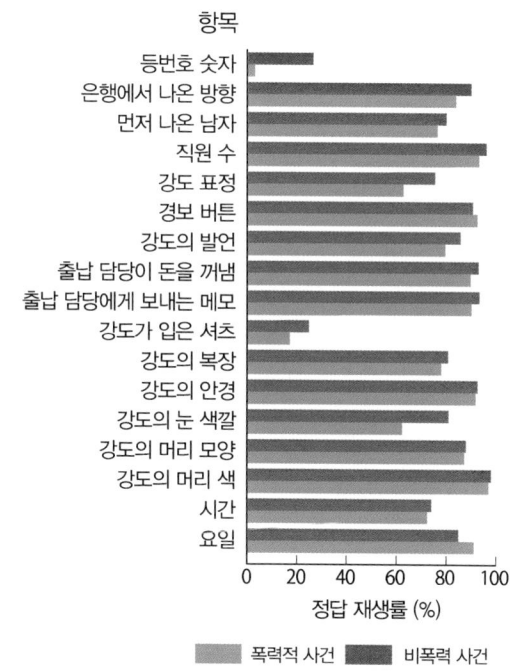

사건 관련 상세 내용 재생률

항목

(Loftus & Burns, 1982: 이쓰쿠시마, 2003)

이를 증명하기 위해 강도 사건을 연출한 영상을 활용한 다양한 실험이 진행되었다. 슈퍼마켓 계산대에서 강도가 점원에게 총을 겨누는 장면을 보여준 경우와 점원이 강도에게 수표를 건네는 장면을 보여준 경우를 비교한 실험이 있다. 응시하는 횟수나 시간을 비교한 결과 권총은 3.8회, 242밀리 초, 수표는 2.4회, 200밀리 초로 나타나 응시 횟수도 응시 시간도 수표보다 권총이 높았다. 이는 당연한 결과인데 문제는 그 이후이다. 범인 식별률을 비교했더니 권총을 보여준 조건에서는 15%, 수표를 보여준 조건에서는 35%로 나타나며 수표를 보여준 조건이 훨씬 성적이 좋았다. 권총을 본 목격자의 주의력이 권총에 쏠리면서 범인의 특징을 제대로 보고 기억하지 못한 것이라 할 수 있다.

목격자에게 실제 인물을 보여주고 범인을 식별하는 방법인 라인업을 활용한 실험도 있다. 이 또한 강도 사건을 연출한 것인데 절반의 사람에게는 강도가 권총을 휘두르는 영상을 보여줬고 나머지 절반에게는 강도가 권총을 겉옷 안쪽에 숨기고 있는 영상을 보여줬다. 그 후 라인업으로 범인을 식별하도록 한 결과 권총을 숨기고 있었던 경우는 46%가 정확한 판단을 한데 비해 권총을 휘두르는 영상을 본 경우는 26%만 정확하게 판단했다.

이 외에도 많은 실험이 수행되었지만, 흉기를 보여주는 조건에서 범인 식별력 저하를 일관되게 확인할 수 있었다. 흉기가 환기하는 정서적 요인에 더해 흉기에 주의를 빼앗겨 범인에 주의를 기울이지 못 한 요인도 결과에 작용했다고 볼 수 있다.

폭력 장면을 담은 영상과 비폭력 장면을 담은 영상을 준비

폭력 장면을 담은 영상에서는 길을 걸어가던 여성이 남성에게 폭력적으로 핸드백을 뺏기는 장면이 나옴

비폭력 장면을 담은 영상에서는 길을 걸어가던 여성에게 남성이 길을 묻는 장면이 나옴

단, 두 조건 모두 남성이 1명, 3명, 5명인 3종류의 영상을 준비

이 중 하나의 영상을 본 후 영상에서 본 남성의 나이, 키, 그 외 특징을 묻고 사진을 보여주며 누가 해당 남성인지 식별하는 테스트도 진행

그 결과 아래 그래프처럼 비폭력 조건보다 폭력 조건일 때 남성의 특징에 대한 기억과 사진 식별이 부정확. 또한 남성 수가 늘어날수록 기억이 부정확 해짐

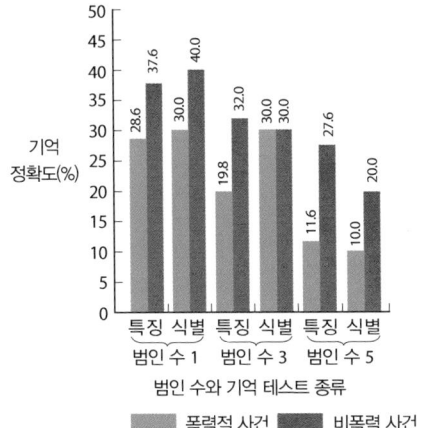

(Clifford & Hollin, 1981: 이쓰쿠시마, 2003)

예전에도 이런 일이 있었던 것 같은데
- 기시감(데자뷔)의 심리 메커니즘

'예전에도 이런 일이 있었던 것 같다'는 느낌은 많은 사람이 이따금 경험하게 되는 기시감(旣視感, 데자뷔)이라고 불리는 심리 현상이다.

1896년 프랑스 의사 플로랑스 아르노(Florance Arnaud)는 처음 경험하는 상황임에도 그 상황을 이미 알고 있다고 느끼는 일이 병리 증상이라고 할 수 있을 만큼 빈번하게 일어나는 증례를 학회에서 발표하고 기시감이라는 용어를 제창했다.

기시감이라는 전문용어를 활용해 이러한 심리 현상을 과학적으로 처음 언급한 사람은 아르노이지만, 그 이전에도 찰스 디킨스의 소설《데이비드 카퍼필드》를 비롯한 문학 작품 속에서 기시감에 해당하는 신기한 감각이 묘사된 바 있다.

기시감을 느끼기 쉬운 사람과 아닌 사람의 차이는 어디에 있으며 어떠한 상황에서 기시감을 느끼기 쉬운지 등과 관련한 조사 연구도 수행되었다. 그 결과 기시감을 느끼기 쉬운 사람들에게서 보이는 눈에 띄는 특징으로는 감수성이 강하고, 감정 기복이 심하고, 업무 리듬이 불규칙하다는 세 가지가 있었다. 또한 기시감이 생기기 쉬운 시간대는 저녁 또는 밤이며 다른 사람과 함께 있어도 자신은 발언하지 않고 있을 때거나 피곤해서 집중력이 떨어졌을 때 특히 나타나기 쉽다는 사실도 밝혀졌다.

기시감은 사람들을 매료하는 불가사의한 현상 중 하나이다. 이 현상이 왜 일어나는지에 대해서는 다양한 설이 있다. 예를 들어 기시감은 전생과의 접점이라고 하는 설도 있다. 개인의 기억에는 전생 기억이 포함되어 있어서 현생의 경험 중 무엇인가가 전생의 경험과 일치해 그 공명이 과거를 재현하는 듯한 감각을 낳는다는 것이다. 또한 우리의 일생은 같은 형태로 영원히 반복되고 있다는 설도 있다. 기시감이란 것은 자신의 현재 생활이 예전

기시감을 잘 느끼는 사람

감수성이 풍부한 사람

업무 리듬이 불규칙한 사람

감정 기복이 심한 사람

기시감을 잘 느끼는 상황

저녁이나 밤

다른 사람과 같이 있으면서
자신은 발언하지 않을 때

피곤해서 집중력이
떨어졌을 때

에 경험했던 생활의 반복이라는 점을 알려주는 시간의 균열이라는 것이다. 하지만 이 설들은 아무래도 과학적 설득력이 부족하다.

기시감을 기억과 연결 짓는 설도 있다. 프로이트가 꿈의 메커니즘을 설명할 때 낮에 겪은 일의 잔상, 즉 기억의 단편이 꿈으로 나타난다고 했다. 이와 마찬가지로 현재 경험하는 일과 부분적으로 유사한 과거 경험 기억의 단편이 떠오르면서 기시감을 느낀다는 설이다. 이 설은 설득력이 있다. 그러나 기시감의 심리 메커니즘에 대한 정설은 아직 존재하지 않는다.

앞서 설명한 아르노는 기시감을 기억의 문제로 보지 않고 기억 착오의 일종으로 봤다. 말하자면 현재 겪고 있는 일을 과거에 경험한 것이라고 착각하는 것이라고 설명했다.

아르노로부터 100년이 지난 1993년 캐나다 심리학자 위틀시(Bruce W.A. Whittlesea)는 아르노의 견해를 뒷받침할 만한 실험을 진행했다. 이 실험에서는 일련의 단어 목록을 외우게 한 후 마지막 단어를 대문자로 강조한 다양한 문장을 연달아 제시했다. 그리고 해당 단어가 앞서 외운 목록에 있었는지를 대답하게 했다. '거친 파도에 흔들리는 배'와 같이 마지막 단어가 맥락상 예상하기 쉬운 문장과 '그녀가 돈을 모아 구매한 것은 램프'와 같이 맥락상으로 예상할 수 없는 문장을 준비했다. 그 결과 맥락상 예상하기 쉬운 단어면 실제로는 앞서 외우지 않은 단어더라도 외운 단어라고 착각하는 사람이 많았다. 앞서 외운 단어인지 여부를 판단하는 데 걸리는 시간도 맥락상 예상하기 쉬운 단어 쪽이 짧았다. 이 실험을 통해 맥락상 나올 법한 단어라는 생각이, 앞서 봤던 단어라는 감각으로 바뀐다는 점이 시사되었다.

# 태내 기억은 정말로 있을까?

태아가 소리를 듣는다는 사실이 증명된 것은 최근 들어서지만, 인간은 예전부터 무의식중에 이 사실을 전제로 한 행동을 해왔다. 그중 하나가 아기를 안을 때 왼쪽 가슴에 대고 안는 행동이다.

한 관찰 조사에 따르면 오른손잡이 어머니의 83%, 왼손잡이 어머니의 78%가 아기를 왼쪽으로 안는다. 왜 왼쪽으로 안는지 물어보니 심장 고동을 들려주면 아기가 안심하기 때문이라고 한다. 그렇다면 아기는 왜 심장 고동을 들으면 안심하는 것일까?

여기서 유추해 볼 수 있는 이유는 아기가 태내에 있을 적에 어머니의 심장 고동을 계속해서 듣고 있었기 때문에 귀에 익은 자극이므로 그 소리를 들으면 안정감을 느낀다는 것이다.

실제로 심장 고동 소리를 들려주면 아기에게 좋은 영향이 있다는 사실은 실험을 통해 증명되었다. 이 실험에서는 한쪽 신생아실에는 심장 고동을 녹음한 음원을 틀어주고 다른 한쪽에는 틀어주지 않았다. 그리고 두 신생아실의 신생아를 비교했더니 심장 고동을 들은 신생아가 식욕이 왕성하고 잘 자며 체중도 늘고 아픈 일이 적었으며 우는 일도 적었다. 이를 통해 심장 고동 소리를 들은 신생아에게 좋은 영향이 있다는 점을 알 수 있었다.

귀에 익숙한 소리가 기분 좋은 자극이 된다는 사실은 실험 쥐를 활용한 실험에서도 확인된 바 있다. 해당 실험에서는 한 쪽 실험 쥐 그룹에는 하루 12시간씩 52일 동안 모차르트 곡을 들려줬다. 다른 실험 쥐 그룹에는 하루 12시간씩 52일 동안 쉰베르크 곡을 들려줬다. 그 후 15일 동안은 휴식 기간으로 아무것도 들려주지 않았다. 그로부터 60일 동안 선호도 테스트를 시행했다. 한쪽 방으로 들어가면 바닥이 기울면서 버튼이 눌러져 모차르트 곡이 흘러나오고 마찬가지로 다른 한쪽 방에 들어가면 바닥이 기울면서 버튼

신생아실에서 심장 고동 소리를
녹음한 음원을 틀었더니 성장에
긍정적 영향이 있었음

아기가 어머니 태내에서
심장 고동 소리를 계속해서 들어
귀에 익숙하기 때문

그래서 왼쪽 가슴으로
안으면(고동 소리를 들려주면)
안심함

이 눌러져 쇤베르크 곡이 흘러나오게끔 만든 방에 넣어 두었다. 그 후 어느 쪽 방에서 지내는 시간이 많은지 측정했다. 그 결과 52일 동안 들었던 곡이 흘러나오는 방에서 지내는 시간이 많은 것으로 나타났다. 쥐에게 음악 취향을 만들어 주는 데 성공한 셈이다.

들어본 적 없는 음악인데 전주 부분만 들어도 뒷부분이 자연스럽게 머릿속에 떠올라 신기한 나머지 가족에게 물어보니 어머니가 임신 중에 그 곡을 자주 연주했다는 일화를 가진 음악가도 적지 않다. 왠지 모르게 우리 귀에 익숙한 선율, 어느샌가 자신만의 독자적 취미라고 생각하던 음악도 알고 보면 태아기에 몇 번이나 들었던 것일 수도 있다. 앞서 언급한 심장 고동 소리 실험에서도 알 수 있듯 태아기에 반복해서 귀로 들은 선율이 마음에 안정감을 주는 존재로 기억에 정착하는 일은 충분히 있을 수 있다.

태아가 소리를 듣고 있고 이를 기억하고 있다는 것은 확실한 사실로 보인다. 태아가 소리를 기억하고 있다면 태교 또한 형식적으로 하기보다 소리나 목소리를 활용해 적절하게 수행하면 어느 정도의 효과를 기대할 수 있을 것이다.

쥐에게 음악 취향을 만들어 주면…

계속해서 모차르트 곡을 들은 쥐에게는 모차르트 곡이 기분 좋은 자극이 된다. 마찬가지로 계속해서 쇤베르크 곡을 들은 쥐에게는 쇤베르크 곡이 기분 좋은 자극이 된다. 이를 단순 접촉 효과라고 한다. 우리의 음악 취향 또한 이렇듯 단순한 과거 경험 기억으로 만들어진 것일 수도 있다.

제 3 장

망각의 메커니즘
우리가 잊는 이유

잊는 것은 좋지 않다고 생각하는 사람이 있을 것이다. 하지만 이는 잘못된 생각이다. 사실 기억은 잊음으로써 정리되기 때문 이다. 제3장에서는 망각의 메커니즘부터 시작해서 잊을 수 없다면 어떻게 되는지, 의도적으로 잊을 수 있는지 등에 대해 살펴보겠다.

잊음으로써 정리되는 기억

어떻게 하면 기억력을 높일 수 있는지는 많은 사람의 관심사다. 학교 공부 성적이나 시험 성적이 좋지 않을 때 '기억력이 더 좋았더라면'하고 생각한 경험은 누구나 있을 것이다. 사회생활에 진출한 후의 업무 능력도 기억력이 좋을수록 유리한 점이 많다. 그래서 기억력 향상 스킬도 세간에서 인기가 좋다. 무엇이든 쉽게 기억할 수 있는 기술을 배울 수만 있다면 바랄 것이 없다는 생각이 들 만도 하다.

하지만 한편으로 잊음으로써 기억이 정리되기도 한다. 기억의 목적은 그 기억을 일상생활에서 활용하기 위함일 것이다. 그저 기억하는 것뿐 아니라 기억한 사안을 필요에 따라서 사용할 수 있어야 한다.

처음으로 심리학을 체계화한 윌리엄 제임스(William James)는 망각은 기억만큼 중요한 기능이라고 했다. 만약 우리가 모든 일을 기억하고 있다면 아무것도 기억하지 못하는 것만큼 불편할 것이다. 모든 것을 기억한다면 어느 시점에 일어난 일을 회상하기 위해서는 최초에 그 일이 일어나는 데 걸린 만큼 시간이 필요할 것이기 때문이다. 우리는 많은 일을 잊고 생략함으로써 필요한 정보만을 효율적으로 떠올릴 수 있다.

필자가 미국에서 운전하던 시절 대형 쇼핑몰에서 볼일을 마치고 차로 돌아오려고 했는데 어디에 주차했는지 기억이 나지 않아 커다란 주차장을 동분서주하던 일이 이따금 있었다. 저쪽 코너라고 확신하고 가 보면 다른 차가 주차된 일이 다반사다. '맞다, 오늘이 아니라 지난번에 여기 세웠었지.'라고 생각하며 다시 기억을 되짚어서 두 번째로 확신하고 다른 주차구역으로 가봐도 여전히 내 차는 없었다. '여기에 세웠던 것도 다른 날이었군.'하고 생각하고 만다. 여기에 주차한 적이 있다는 기억은 확실하게 있지만, 지금 당장은 예전 기억 따위 아무 짝에 쓸모가 없다. 오늘 어디에 주차했는지

망각의 중요한 기능

모든 일을 기억하고 있다면 아무것도 기억하지 못하는 것과 같다.

심리학 초창기에 저술했고 그 후 심리학 교과서가 된 저서에서 윌리엄 제임스는 망각이 지닌 중요한 기능에 대해 이하와 같이 기술했다.

"우리의 지력(知力)을 실제로 사용하는 데 있어 망각은 기억과 마찬가지로 중요한 기능이다. '전체 회상'(필자 주: 사소한 부분도 생략하지 않고 그대로 복원하는 회상)은……비교적 드문 일이라고 본다. 만약 우리가 모든 일을 기억하고 있다면 대개 아무것도 기억하지 못하는 것과 마찬가지로 불편할 것이다. 어느 한 시간대를 회상하기 위해서 그 전체 시간과 같은 시간이 필요하기 때문이다. 그렇게 되면 우리는 사고를 진전시킬 수 없다. 따라서 모든 기억된 시간은 리보(Ribot)의 말처럼 원근법에 따라 깊이의 단축을 동반한다. 그리고 이 원근 묘사란 그 안에 있던 사실 중 상당 부분을 생략함으로써 이루어진다. 리보의 말을 빌리자면 '우리는 이처럼 기억하기 위한 조건으로서 망각해야만 한다는 역설적인 결과에 도달한다. 방대한 양의 의식 상태를 완벽히 망각하지 않거나 매 순간 많은 기억을 잊어버리지 않는다면 우리는 기억할 수 없다. 따라서 특정 경우가 아니라면 망각은 기억의 피폐가 아니라 그 건전성과 생명력을 위한 조건이다.'"

일주일간의 즐거웠던 여행을 떠올릴 때는 특히 인상적인 장면과 일화를 떠올린다. 사소한 부분이나 딱히 인상적이지 않은 일화는 잊어버린다. 사실 이처럼 중요하지 않은 일을 잊는 행위에 중요한 의미가 있다.

만약 일주일간의 여행을 떠올리는데 똑같이 일주일만큼의 시간이 필요하다면 회상이라는 작업은 불가능에 가까워진다. 의미 있는 정보만 남기고 나머지는 잊음으로써 선명한 기억이 만들어진다.

따라서 모든 것을 기억한다는 것은 아무것도 기억하지 않는 것과 마찬가지인 셈이다.

에 대한 기억만 있으면 충분한데 지금까지 주차했던 장소와 관련한 기억이 퇴적되어 있어서 골치 아픈 일이 생기곤 한다.

자신의 기억력이 안 좋다고 한탄하는 사람이 있는 한편 잊고 싶은 일이 잊히지 않아서 괴로워하는 사람도 있다. 떠올릴 때마다 크게 침울해지므로 떠올리고 싶지 않지만, 머릿속에 박혀서 늘 떠오른다고 한다. 트라우마라는 말도 일상 대화에서 자주 쓰이게 되었다. 괴로운 일이 시도 때도 없이 떠오르면 마음이 쉴 틈이 없어 피폐해지고 만다. 이럴 때는 기분전환이 필요하다.

이렇게 보면 기억 용량을 단순히 크게 만들 일이 아니라 취사선택을 통해 지금 필요한 내용만을 떠올리고 그렇지 않은 내용은 떠오르지 않게 하거나 기억한 내용 간 상관관계를 정리해 두는 것도 기억을 효과적으로 사용하기 위해서는 중요하다. 아무리 여러 가지 일을 기억하고 있어도 정리되어 있지 않은 상태로는 효율적으로 사용할 수가 없다.

기억 용량을 늘리거나 기억을 정리하는 방법에 대해서는 4장에서 자세히 설명했으니 3장에서는 왜 잊는지, 어떻게 잊는지, 즉 망각의 메커니즘에 대해 살펴보도록 하자.

시간의 경과와 함께 기억이 점차 옅어지는 것은 누구나가 일상적으로 겪는 일이다.

기억 흔적은 이따금 회상을 반복함으로써 유지되지만, 회상이 이루어지지 않은 채 시간이 흘러가면 기억 흔적이 자연스럽게 소멸한다는 이론이 기억 흔적 쇠퇴설이다.

시간의 경과에 따라 망각이 어떻게 진행되는지를 실험적으로 검토해 그 모습을 망각 곡선으로 그린 사람이 에빙하우스이다. 그 후의 연구를 통해 망각 곡선은 기억하는 내용에 따라 다소 달라진다는 사실이 밝혀졌다.

예를 들어 17세~74세 사람을 대상으로 고등학교 시절 동창의 얼굴 관련 기억을 검토한 실험에서는 졸업 후 35년까지는 사진 재인 테스트의 정답률 하락을 확인할 수 없었고 망각은 진행되지 않았다. 한편 대학교원을 대상으로 학생의 얼굴과 이름 관련 기억을 조사한 실험에서는 졸업 후 11일 차부터 8년 차 학생이 대상이었는데 재인 테스트 정답률이 시간의 경과와 함께 하락했다. 특히 이름보다 얼굴 재인에 어려움을 보였다.

이러한 결과가 시사하는 사실은 에빙하우스와 같은 실험실적 연구에서 발견한 법칙은 일상생활의 기억에는 잘 적용되지 않는다는 점이다. 상기 실험의 경우 고등학교 시절 동창은 졸업 후에도 연락하고 지내는 경우가 꽤 있을 것이다. 또한 고등학교 시절 동창 수는 어느 정도 정해져 있지만, 교원이 수업에서 담당하는 학생은 매해 다수가 축적되기도 한다. 더 나아가 청춘 시절을 함께 보낸 고등학교 동창과 그저 교실에서 알고 지낸 학생과는 가지고 있는 감정이 다를 것이다. 일상 기억에는 다양한 요인이 작용하므로 단순히 망각 곡선으로 설명하기는 어렵다.

일상 기억의 파지와 망각과 관련해 인내를 가지고 지속적인 실험을 한

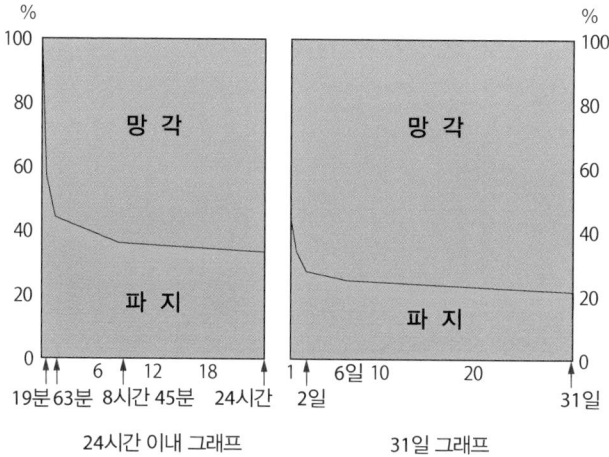

에빙하우스의 망각 곡선

24시간 이내 그래프   31일 그래프

(Ebbinghaus, 1885: 스에나가, 1996)

임의의 알파벳 3글자를 조합한 일련의 무의미 철자를 기억하도록 한다. 그리고 일정 시간 후 해당 철자를 재학습할 시점에 최초 학습 시와 비교해 반복 횟수 및 시간이 얼마나 줄었는지를 측정했다. 이 실험은 에빙하우스가 직접 수행했다.

절약률을 정리한 그래프가 망각 곡선이다. 19분 후, 63분 후, 8시간 45분 후, 1일 후, 2일 후, 6일 후, 31일 후에 재학습을 수행했다. 그래프를 보면 학습 직후에 급격한 망각이 일어나지만 몇 시간 안에 안정되며 그 후는 6일 후든 31일 후든 망각이 아주 조금씩 진행되고 있는 것을 알 수 있다.

사람이 린톤(M. Linton)이다. 린톤은 매일 그날 일어난 일을 적어도 2개 골라 기록하는 작업을 6년 동안 꾸준히 진행했다. 그간 기록한 일은 5,500항목 이상에 달했다. 그리고 매달 한 번 기억 검사를 수행했다. 검사에서는 수많은 일화 카드 중에서 매월 약 150개의 카드를 무작위로 고른 후 각각의 일화를 떠올리면서 시간 순서로 나열하고 일화가 일어난 날짜도 추정했다.

이러한 기록과 검사를 지속하다 보니 4년 차 무렵부터는 뽑은 카드를 봐도 무슨 일인지 전혀 알 수 없는 경우가 늘기 시작했다. 초반에는 잘 기억났던 카드였다. 즉 예전에는 내용을 읽으면 어떤 일이었는지 선명하게 떠올랐던 카드더라도 시간과 함께 아무런 연상이 일어나지 않는 무의미한 카드가 되어 버린 것이다.

이 실험을 통해 그린 망각 곡선은 초반에 급격하게 파지 내용이 소멸하며 그 이후에는 거의 일정 수준을 유지해 완만한 하강 곡선을 그린다는 에빙하우스의 망각 곡선과는 전혀 다른 것이었다. 그림과 같이 최초 1년 사이에 망각하는 비율은 1% 이하이며 2년째 이후는 매해 5~6%의 안정적인 비율로 망각이 발생했다. 망각률이 낮다고는 하지만, 인상에 남아 있던 일화더라도 시간과 함께 그 기억 흔적이 사라지게 된다.

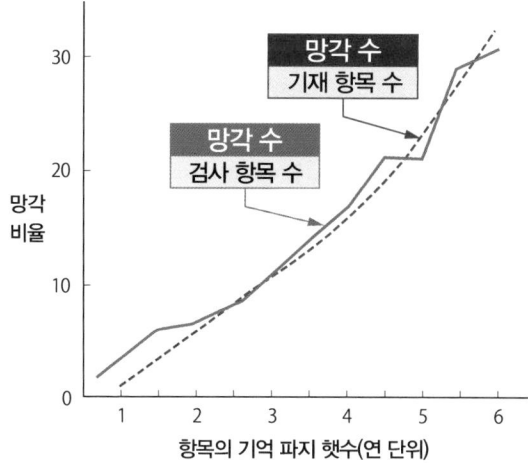

6년 후 망각한 항목의 비율

망각 수 / 기재 항목 수

망각 수 / 검사 항목 수

망각 비율

항목의 기억 파지 햇수(연 단위)

(린톤, 1982)

린톤은 6년 동안 매일 그날의 일화를 기억하고 매일 기억 검사를 수행하는 인내심 있는 실험을 했다. 그를 통해 실생활 속 일화 기억은 기억 실험에서 자주 활용했던 기계적 단어 기억과는 다르게 상당히 긴 시간 동안 유지되는 것이 밝혀졌다.

기억에 혼동을 일으키는 새로운 자극 - 간섭설

기껏 외웠는데 다른 일을 하다가 잊어버리는 일이 종종 있다. 또한 새롭게 기억한 정보가 방해해서 예전에는 확실하게 기억하고 있던 내용이 불분명해질 때도 있다.

새로운 정보 입력에 간섭받아 예전에 기억하고 있던 정보에 혼동이 일어나거나 정보를 망각한다는 이론이 간섭설이다.

새롭게 기억한 사안으로 인해 예전에 잘 정리되어 있던 기억에 혼동이 생기는 일은 주로 비슷한 내용을 기억할 때 일어나는 간섭이다. 독일어 단어를 외웠더니 기존에 틀릴 일이 없던 영어 단어 철자를 틀리는 일이 있다. 한국어 철자와 영어 철자를 혼동하는 일은 일어날 가능성이 희박하지만, 꽤 비슷한 구석이 있는 영어와 독일어의 철자가 섞여 깜빡 실수하는 일은 충분히 있을 법하다.

새로운 정보 입력으로 인한 간섭은 절차 기억에서도 일어난다. 절차 기억은 운동이나 기능 관련 기억이다. 필자는 초등학교 시절에 야구를 했었고 종종 피칭 연습을 했었다. 그런데 중학생이 되어서 테니스 서브 연습을 하기 시작한 후로 야구 투구 자세가 흐트러진 적이 있었다. 테니스 서브 움직임과 투구 움직임에 유사한 부분이 있어 서브 동작의 손목 움직임이 절차 기억으로 각인된 탓에 피칭 시 손목 스냅 관련 절차 기억에 미세하게 혼동이 일어난 것이다.

시험 전날에 필요한 내용을 외웠으면 바로 자는 편이 좋다는 이야기는 이러한 간섭설을 근거로 한 것이다.

필자가 고등학생 때 '수면 학습'이라는 방법이 학습 잡지에 소개된 적이 있다. 기억할 내용을 카세트테이프에 녹음해 둔 후(당시는 카세트테이프 시대였다), 재생을 눌러 놓고 자면 자는 동안에 기억할 수 있다는 내용이었

비슷한 정보를 새롭게 기억하면 혼동이 일어나기 쉬움

예전 정보

새로운 정보

예전 정보

간섭

간섭설

오! 영어와 독일어는
스펠링이 비슷하네!

어라, '음악'은
music?
musik?

일요일
영:Sunday
독:Sonntag

음악
영:music
독:musik

간섭

영어

비슷한 정보

음악

혼동

※ 이 삽화는 왼쪽에서 오른쪽으로 읽어주세요.

다. 이를 철석같이 믿고 애를 먹던 과목의 필기 내용을 낭독해서 녹음한 후 재생을 눌러 놓고 잠들었는데 다음 날 시험에서 크게 혼이 났다. 자는 동안에 아무것도 기억하지 못한 것이다.

심리학을 배우고서 이는 수면 효과를 오인한 것이라는 사실을 깨달았다. 기명→파지→재생의 기억 과정 중 수면으로 인해 촉진되는 부분은 기명이 아니라 파지다. 자고 있을 때는 다른 사람과 대화할 일도 없고 TV도 보지 않는다. 불필요한 정보가 유입되지 않으므로 간섭이 발생하지 않아 기억이 유지되기 쉽다. 하지만 자고 있을 때 기억은 할 수 없다. 수면 학습은 이 과정을 잘못 해석한 것이었다.

수면 중에는 간섭이 일어나지 않기에 기억이 유지되기 쉽다는 사실은 실험으로도 증명된 바 있다.

젠킨스와 달렌바흐(J.G. Jenkins & K.M. Dallenbach)는 무의미 철자를 기억하도록 한 다음 수면을 취하게 한 그룹과 다른 활동을 하게 한 그룹으로 나눠 일정 시간마다 기억 테스트를 수행했다. 수면을 취한 그룹은 일정 시간마다 깨워 테스트를 수행한 후 다시 수면을 취하도록 했다.

깨어 있는 상태에서는 다양한 자극이 계속해서 유입된다. 이러한 새로운 자극 유입이 예전에 학습해서 기억한 내용 파지를 방해한다고 볼 수 있다.

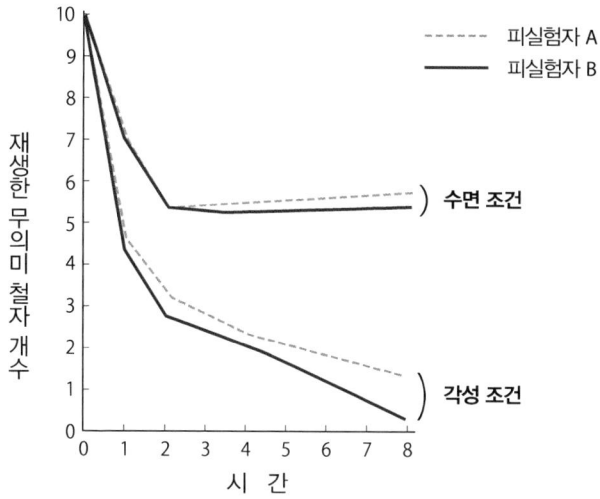

수면 그룹과 각성 그룹 비교

- - - - - 피실험자 A
——— 피실험자 B

세로축: 재생한 무의미 철자 개수
가로축: 시 간

) 수면 조건

) 각성 조건

(젠킨스와 달렌바흐, 1924)

무의미 철자를 외운 다음 같은 사람을 대상으로 수면을 취하는 조건과 각성해서 활동하는 조건을 설정 후 비교했다. 결과는 수면 조건의 재생 테스트 성적이 좋았다. 여기서 시사하는 바는 각성한 상태에서는 새로운 자극이 계속 유입되어 간섭을 일으키고 이미 기억한 내용의 파지를 방해한다는 것이다.

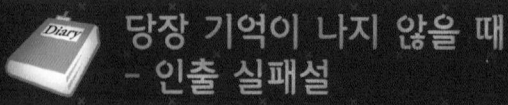

당장 기억이 나지 않을 때
– 인출 실패설

'깜빡'하는 일은 누구나 종종 겪는 일이다. '혀끝에서 맴돌기만 하고 기억이 나지 않는다'라고 하기도 한다. 혀끝에서 맴도는데 맴돌기만 하고 아무리 애를 써도 생각이 날 듯 말 듯 안 난다. 분명히 기억하고 있다는 느낌은 있다. 나중에 그 정보가 더 이상 필요 없어졌을 때 갑자기 기억날 것이라는 사실도 경험적으로 알고 있다. 하지만 지금 당장 기억나지 않을 때 '깜빡' 잊었다고 한다.

이러한 심리 현상이 시사하는 것은 망각이 반드시 기억 흔적 소멸을 의미하지는 않는다는 점이다.

망각이란 기억한 내용이 장기 기억에서 사라지는 것을 의미하지 않고 그 정보를 제대로 인출하지 못하는 것을 가리킨다. 이를 인출 실패설이라고 한다.

'그 책 어딘가에 있는 내용인데, 어디였지?'라며 책장을 넘기면서 찾아도 좀처럼 찾을 수 없어서 고생할 때가 있다. 그럴 때 색인이 있는 책은 상당히 도움이 된다.

서두에서 언급한 '깜빡' 잊는 현상 등은 인출 실패의 대표 사례이다. 분명히 기억하고 있는데 도무지 떠오르지 않다가 우연한 순간에 갑자기 떠오르는 현상은 떠오르지 않는다고 해서 해당 내용이 소멸한 것이 아니라 어딘가에 저장되어 있다는 사실을 증명하는 셈이라 할 수 있다.

'깜빡' 잊는 현상은 기억의 인출 실패

소멸하지는 않았지만 떠오르지 않을 때가 있음

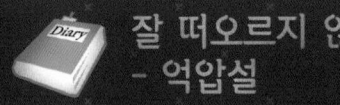

불쾌한 경험은 잘 떠오르지 않는다. 필자는 많은 사람의 인생사를 들어왔는데 가령 초등학교 시절이 암울했다는 사람은 초등학교 시절 경험은 거의 기억하지 못하는 경우가 많다. 그보다 이전인 유아기 시절은 잘 기억하는데도 말이다.

떠올림으로써 공포나 불안, 불쾌감 등이 유발되는 일은 의식에서 배제되어 의식 위로 떠오르지 않도록 억누른다. 프로이트는 이러한 심리 메커니즘을 억압이라고 말하며 자아의 방어 기제, 즉 자신을 지키기 위한 심리 메커니즘의 하나라고 봤다.

억압된 기억은 그대로 얌전히 숨어 있는 것이 아니라 기회를 엿보다 의식 세계로 떠오르려고 한다. 이것이 꿈 또는 백야몽 같은 형태로 나타나거나 말실수나 깜빡 잊는 실수의 형태로 나타나기도 한다.

이 주장을 뒷받침하는 증거는 임상적인 사례에서 많이 볼 수 있다. 흔히 다중인격이라고 불리는 해리성 정체성 장애도 떠올리기엔 너무 괴로운 경험과 관련한 기억을 억압함으로써 경험을 기억하는 인격과 기억하지 않는 인격에 해리가 발생한 것으로 볼 수 있다.

프로이트가 말하는 착오 행위, 즉 깜빡 잊기 등의 사례는 억압으로 인해 의식상으로는 망각하고 있던 내용이 나도 모르게 언행에 나타나는 일을 나타내는 일상적인 사례라고 할 수 있다. 프로이트가 말하는 착오 행위 사례를 몇 가지 더 살펴보자.

한 남성은 자신이 호의를 가지고 있던 여성이 지인 남성과 결혼했다는 사실을 알고 나서 그 지인 남성의 이름을 종종 '깜빡' 잊게 되었다. 업무적으로 연결된 상대여서 이름을 잊는 것이 오히려 어색한 일인데 그 지인 남성에게 우편물을 보낼 때 이름이 생각나지 않아 주변 사람에게 물어볼 지

※ 이 삽화는 왼쪽에서 오른쪽으로 읽어주세요.

경이었다.

이 사례는 자신이 좋아하던 여성과 결혼한 지인 남성의 이름이 실연으로 인한 마음의 상처와 그로 인해 아픈 기억을 연상시키기 때문에 억압되었다고 볼 수 있다.

다른 남성은 부부관계가 식었을 시기에 산책에서 돌아온 아내에게 책을 받았다. 아내는 남편이 관심 가질 만한 책이어서 사 왔다는 설명을 덧붙였다. 그 책을 아무 생각 없이 어딘가에 넣어뒀는데 어디에 뒀는지 기억이 나지 않았다. 모처럼 아내가 사준 책인데 읽지 않으면 미안한 마음이 들어 가끔 찾아보는데 아무리 찾아도 보이지 않았다. 그 후 병에 걸린 남편의 어머니를 부인이 헌신적으로 간호한 끝에 병세가 나아져 남편은 부인에게 감사하는 마음이 들게 되었다. 그럴 때 문득 서랍을 열어보니 아내가 선물해 준 책이 그곳에 있었다.

위 사례들도 기억의 억압이 가져온 일화라고 할 수 있다. 의식상에서는 아내가 선물해 준 책이니 읽어야 한다는 마음에 책이 어디 있는지 기억해 내려고 한다. 그러나 밉상스러운 아내가 억지로 쥐여 준 책 따위 안 읽겠다는 반발심이 무의식 속에 있었을 것이다. 그래서 책을 넣어둔 곳에 대한 기억이 억압되면서 떠오르지 않게 되었지만, 아내에 대한 반발심이 누그러들자 억압이 풀리며 책을 둔 곳이 기억난 셈이다.

억압의 이미지

※ 이 삽화는 왼쪽에서 오른쪽으로 읽어주세요.

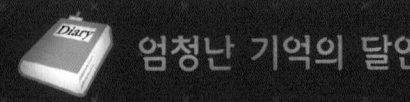

기억술의 달인에 관한 이야기를 듣곤 하는데 개중에서는 믿을 수 없을 정도의 기억력을 자랑하는 사람도 있다.

구소련 심리학자 루리야(A. R. Luria)는 경이적인 기억력을 가진 S 씨의 사례를 보고했다. 아직 젊은 심리학도였던 루리야의 실험실에 한 명의 남성이 찾아왔다. 이 남성은 자신의 기억력을 조사해달라고 의뢰했는데 이 인물을 S 씨라고 부르겠다.

S 씨는 한 신문사의 기자였다. 편집자는 부하인 기자들에게 매일 아침 업무 지시를 내린다. 방문해야 할 장소들이나 인물을 알려주고 거기에서 무엇을 취재해야 하는지에 대해 전달한다. 주소도 취재할 내용도 메모하지 않으면 한 번에 외우지 못하는 것이 정상이었다. 모두가 편집자의 지시를 들으면서 필사적으로 메모했다. 하지만 S 씨는 메모를 전혀 적지 않았다.

편집자는 어떤 내용을 지시해도 전혀 메모를 적지 않는 이 기자에게 근무 태도를 지적하고자 지시한 내용을 말하도록 했다. 그랬더니 놀랍게도 S 씨는 편집자의 지시 내용을 모두 정확하게 기억하고 있었다. 남다른 S 씨의 기억력을 신기하게 여긴 편집자의 권유에 따라 S씨는 루리야의 심리학 실험실에 방문하게 되었다.

루리야의 실험실에서는 일련의 숫자나 문자를 기억하는 기억 테스트를 진행했다. 이는 표와 같은 일련의 숫자나 문자를 보여주거나 들려줘서 기억하게 한 다음 기억한 숫자나 문자를 차례대로 답하는 테스트였다. 이런 과제를 S 씨는 너무나 간단하게 수행해 보였다.

숫자나 문자를 30개로 늘려도, 50개로 늘려도, 심지어 70개로 늘려도 S 씨는 보거나 들은 숫자와 문자를 모두 정확하게 기억할 수 있었다.

S 씨는 단어 수를 늘리면 늘리는 만큼 완벽하게 기억할 뿐 아니라 보거

루리야의 기억 테스트 표

제1표(루리야, 1968)

6	6	8	0
5	4	3	2
1	6	8	4
7	9	3	5
4	2	3	7
3	8	9	1
1	0	0	2
3	4	5	1
2	7	6	8
1	9	2	6
2	9	6	7
5	5	2	0
X	0	1	X

제2표(루리야, 1968)

ж	ч	ш	т	и	п	р
к	н	о	с	м	k	щ
л	т	о	а	л	х	т
м	т	ж	с	k	р	ч

20~25행까지 이어짐

표와 같이 숫자나 문자가 무의미하게 나열된 정보를 보더라도 S 씨는 아무런 어려움 없이 완벽하게 기억할 수 있었다. 숫자나 문자 수를 아무리 늘려도 모두 완벽하게 기억하는 S 씨의 능력에 루리야는 놀랄 수밖에 없었다.

나 들은 순서에서 거꾸로 말해보도록 요구해도 해당 과제를 완벽하게 수행해 냈다. 즉 표 오른쪽 위의 숫자나 문자부터 순서대로 들려주고 마지막에 들은 숫자나 문자(표 왼쪽 아래)부터 거꾸로 회상하도록 하는 과제도 아무런 어려움 없이 수행했다.

S 씨의 경이적인 기억력에 큰 관심을 가진 루리야는 이후 30년에 걸쳐 S 씨의 기억에 대해 계속 실험했다. S 씨는 몇 주, 몇 개월, 1년, 몇 년이 지나도 암기한 목록을 정확하게 재생할 수 있었다. 이러한 일련의 실험 결과에 경탄한 루리야는 S 씨의 기억 흔적을 유지하는 능력에는 뚜렷한 한계를 발견할 수 없다고 결론지었다.

단 기억 과제를 수행하면서 S 씨가 고민하게 만드는 문제가 있었다. 그것은 이미 필요 없는 기억상(記憶像)을 어떻게 삭제할 수 있는지였다. 예를 들어 일련의 문자열을 기억한 후 다른 문자열을 기억하려고 하면 전에 외운 문자열 이미지가 떠올라 난감하다는 것이었다.

기억 파지 능력에 한계가 없는 사람

※ 이 삽화는 왼쪽에서 오른쪽으로 읽어주세요.

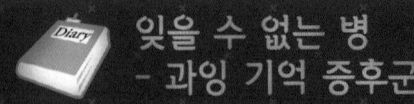

잊을 수 없는 병
- 과잉 기억 증후군

질 프라이스(Jill Price)는 최초의 과잉 기억 증후군 진단을 받은 사람이다. 그녀가 매일 일어난 일을 정확하게 기억할 수 있게 된 시기는 8살 무렵부터이며 14살부터는 거의 완벽하게 기억하고 있다고 한다.

일상에서 일어난 모든 일을 정확하게 기억할 수 있다면 매우 멋질 것이라고 누구든 생각할 것이다. 그러나 그녀는 기억이 버거웠다고 말했다. 제일 힘든 점은 떠오르는 정경 하나하나가 너무나도 선명해서 즐거웠던 일도 힘들었던 일도, 좋거나 나쁜 일도 기억이 떠오르는 것뿐 아니라 그 당시 감정까지 생생하게 떠오른다고 한다. 당시의 희로애락을 그대로 다시 경험하기 때문에 마음의 안정을 유지하며 생활하기가 어렵다는 것이었다.

자신의 특수한 기억력에 괴로워하던 질 프라이스는 기억 연구자로 알려진 제임스 맥거프 교수에게 메일을 보내며 도움을 요청했다. 곧바로 답변이 왔고 그녀는 맥거프 박사의 연구실을 방문해 실험을 받게 되었다.

실험은 여러 개의 날짜가 적힌 종이를 받아 그날 무슨 일이 있었는지 답변하는 형식이었다. 표에서 볼 수 있듯 그녀는 이 과제를 완벽하게 수행했다. 1977년 8월 16일은 화요일이며 엘비스 프레슬리가 사망한 날이고 1994년 1월 17일은 월요일이며 LA 노스리지 지진이 발생한 날이라고 그 자리에서 바로 답변했다.

다음 실험으로 여러 일화가 적힌 종이를 건네며 언제 일어난 일인지 적도록 했다. 이 과제도 표에 기재했듯 완벽하게 수행했다. 로드니 킹의 구타 사건은 1991년 3월 3일 일요일이고, 다이애나비 사고는 1997년 8월 30일 토요일 또는 31일 일요일이며 프랑스 시각인지 미국 시각인지에 따라 하루 차이가 난다는 식으로 바로 대답했다.

이 결과만으로도 경이로운데 질 프라이스는 날짜에 대한 대답을 마친 후

제시한 날짜를 보고, 이날 일어난 사건에 대해 AJ가 답변한 내용

날짜	사건
1977년 8월 16일	화요일, 엘비스 프레슬리 사망
1978년 6월 6일	화요일, 캘리포니아주가 '프로포지션 13(부동산 세제)'을 가결
1979년 5월 25일	금요일, 시카고에서 항공기 추락
1979년 11월 4일	일요일, 주이란 미국 대사관 습격
1980년 5월 18일	일요일, 세인트 헬렌스 화산 폭발
1983년 10월 23일	수요일, 베이루트 폭탄 테러, 사망자 300명
1994년 1월 17일	월요일, 노스리지(LA) 지진 발생
1988년 12월 21일	수요일, 로커비(스코틀랜드) 항공기 폭파
1991년 5월 3일	금요일, 드라마 '댈러스' 최종회
2001년 5월 4일	금요일, 로버트 블레이크(영화배우)의 부인 살해 사건

(질 프라이스, 2008)

논문에서 질 프라이스는 익명성 유지를 위해 'AJ'로 표기되었다.

'이 날짜에 내가 무슨 일을 했는지도 대답할 수 있다.'고 말하며 종이에 적은 내용도 표에 기재했다. 개인정보 문제가 있는 부분은 생략했지만, 경탄할 만한 기억력이라 할 수 있다.

이러한 경이로운 기억력을 하나의 증상이라고 보고 명칭을 부여해서 연구하기 위해 '과잉 기억 증후군'이라 명명했다. 질 프라이스가 최초의 증례이며 2006년에 그녀의 증례와 관련한 연구 논문이 발표되었다.

어떠한 메커니즘으로 이 경이로운 기억이 성립하는지는 아직 밝혀지지 않았다. 다만 루리야가 보고한 S 씨의 사례와 마찬가지로 망각 기능에 크게 관여하는 문제이기도 하다. 질 프라이스는 가령 누군가와 다투더라도 일반적인 사람은 구체적인 내용을 이윽고 잊게 되지만, 본인은 잊을 수 없기에 다툰 상대방과의 일을 응어리처럼 안고 있다고 한다.

누구에 관한 일이든 무엇에 관한 일이든 세세하게 기억하고 있어서 기억이 떠오를 때마다 감정에 휘둘려 고통스럽고 나에게는 억압이라는 메커니즘이 작용하지 않는 것 같다고 그녀는 말한다. 잊는 것 또한 쾌적한 삶을 보내기 위해서 필수 불가결한 능력인 셈이다.

'사건'에 관해 AJ가 답변한 '날짜'와 그날 자신의 행동

사건	날짜

① 샌디에이고 여객기 사고   1978년 9월 25일, 월요일

할머니 생신, 나는 갓 8학년이 되었다. 사고는 PSA 항공사의 여객기로 샌디에이고 상공에서 사고가 일어났다. 내가 소속되어 있던 템플(유대교 사원) 멤버 중 한 명이 그 항공기에 타고 있었다.

② 누가 JR을 쏘았는가   1989년 11월 21일, 금요일

나는 10학년. 중학교에서 미식축구 시합을 보고 카렌 집에 가서 TV 드라마 '댈러스'를 봤다. 이날, 라스베이거스 MGM 호텔에서 화재 발생.

③ 이라크 전쟁 발발   1991년 1월 16일, 수요일

CNN 방송을 TV로 보고 있는데 와인버거 국방부 장관이 나와서 미국은 전쟁 상태가 되었다고 말했다. 나는 창문으로 밖을 바라보며 전쟁이라는데 왜 우리 모두 전과 똑같은 생활을 하고 있을까 하며 신기하게 생각했다. 1986년 1월 28일, 화요일에 우주왕복선 챌린저호가 폭발했을 때도 똑같이 신기하게 생각했었다.

④ 애틀랜타 폭발 사고   1996년 7월 26일, 금요일

친구인 앤디와 데일리 그릴이라는 가게에서 저녁을 먹었다. 바에 있는 TV 앞에 사람들이 무리 지어 있었다. 가까이 가 보니 애틀랜타에서 믿기지 않는 일이 일어났었다.

(질 프라이스, 2008)

이러한 기억 천재의 일화를 보면서 알게 된 사실은 망각에도 나름대로 적극적인 의미가 있다는 것이다. 하지만 사람들은 기억력이 좋아졌으면 하는 바람이 있기에 기억술은 어느 시대나 찬양받곤 한다.

과잉 기억 증후군인 질 프라이스가 과거의 희로애락 관련 기억이 시도 때도 없이 떠올라 마음이 어지럽다고 한탄했듯이 망각함으로써 우리의 심리 생활의 안정이 유지되는 측면도 있다.

또한 소위 '숲을 보지 못하고 나무만 본다'라고 말하듯 기억이 매우 구체적이어서 추상하지 못하는 것이 기억력 천재에게 종종 나타나는 문제이기도 하다.

이 모습을 단적으로 그린 작품이 작가 호르헤 루이스 보르헤스의《기억의 천재 푸네스》이다. 푸네스는 무엇이든지 기억하는 자신의 기억에 대해 '나의 기억은 마치 쓰레기처리장과 같아요.'라고 자조 섞인 말투로 이야기한다. 가령 나무나 잎사귀를 보더라도 언제 본 나무, 언제 본 잎사귀라고 기억할 수 있었다. 그렇다 보니 너무나 구체적인 기억상이 많아져서 '나무'나 '잎사귀'와 같은 '개념'을 이해하기가 어려웠다. 여러 종류의 개가 있는데 이를 모두 '개'라는 개념으로 이해하기란 푸네스에게 어려운 일이었다. 같은 개를 앞에서 본 상(像)과 옆에서 본 상(像)이 다른 것은 당연한데 이를 통합해서 한 마리의 개라고 이해하기에 곤란이 따른다.

결국 구체적인 세부 기억에 연연하게 되어 중요하지 않은 정보를 버리고 개괄하고 이를 통해 추상할 수 없는 것이다. 이렇듯 세부를 잊는 데에도 의미가 있다.

세부를 잊음으로써 만들어지는 개념

필요한 정보는 기억하지 않으면 문제가 생기지만, 더 이상 기억하지 않아도 되는 정보까지 계속 기억하고 있자니 기억 효율이 높지 않다. 난잡한 방에서 물건을 찾듯이 필요한 기억을 찾아내는 데 수고가 많이 든다.

더 나아가 적극적으로 잊고 싶은 기억도 있다. 가령 학교에서 안 좋은 일이 있어서 학교 갈 때마다 그 기억이 떠올라 학교를 자꾸만 쉬게 되는 경우 그 안 좋은 일을 잊을 수만 있다면 마음이 편해질 것이다. 잊지 못하더라도 적어도 '학교'와 '안 좋은 일'을 연결하는 연상을 차단할 수 있다면 학교 가기가 한결 수월해질 것이다.

우리는 잊고 싶은 일을 의도적으로 잊는 일이 과연 가능할까? 이를 알아보기 위한 실험이 진행됐다.

우선 한 단어 목록을 보여주고 외우게 한 후 A 그룹에는 목록을 잘못 보여줬다면서 잊으라고 전달하고 다른 목록을 외우게 했다. B 그룹에는 잊으라는 지시는 하지 않고 이어서 다른 목록을 외우게 했다. 마지막으로 두 그룹을 대상으로 기억 테스트를 시행했다.

그 결과 첫 번째 목록은 A 그룹이 B 그룹보다 덜 기억했지만, 두 번째 목록은 B 그룹보다 더 많이 기억한 것으로 나타났다.

이 실험 결과는 '잊도록 노력'함으로써 '잊을 수 있다'라는 점을 시사한다. 또한 A 그룹은 첫 번째 목록을 잊음으로써 두 번째 목록을 잘 기억할 수 있었다. 비슷한 정보를 연달아 기억하면서 발생하는 기억의 혼란이 A 그룹은 잘 발생하지 않은 것으로 볼 수 있다.

이는 지시 망각이라고 불리는 심리 메커니즘이다. 잊으라는 지시로 인해 특정 기억을 차단하는 것이 가능하다.

의도적으로 잊는 것이 가능한지에 관한 실험으로는 '생각/생각 억제

떠올리지 않도록 노력하면 옅어지는 불쾌한 기억

학교에 가면…

안 좋은 기억이
트라우마가 되어
괴롭힘

떠올리고
싶지
않아…

(Think/No-Think)' 과제가 있다. 그중 대표적인 과제로는 여러 개의 단어 쌍을 전달한 후 왼쪽 단어를 제시하면 오른쪽 단어를 떠올려 대답하는 방식이 있다.

예를 들어 '깃발-검'과 같은 단어 쌍을 여러 개 기억한 후에 '깃발'이라고 제시하면 '검'이라고 대답한다. 충분히 연습한 후에 A 그룹에는 생각 과제를 부여했다. 즉 연습 시와 마찬가지로 왼쪽 단서 단어를 보고 오른쪽 단어를 대답하는 실험을 반복한다. 이에 비해 B 그룹에는 생각 억제 과제를 부여한다. 즉 단서 단어를 제시해도 그와 관련한 단어를 떠올리지 않도록 지시한다. 두 그룹 모두 각 단어 쌍에 대해 1회 반복, 8회 반복, 16회 반복하는 3가지 조건을 설정했다.

최종적으로 왼쪽 단서 단어를 제시해서 오른쪽 단어를 떠올리도록 한 결과 생각 조건에서는 횟수를 반복할수록 성적이 향상됐지만, 생각 억제 조건에서는 횟수를 반복할수록 성적이 하락했다. '떠올리지 않도록' 하는 시도를 16번 반복했더니 떠올리는 비율이 10% 정도 하락했다.

위 결과는 의도적인 망각이 가능하다는 사실을 의미한다. 예를 들어 어떤 사람과 만나면 안 좋은 일을 떠올리게 되고 회사에 가면 괴로운 경험을 떠올리게 될 때도, 그 사람을 만나든 회사에 가든 그 불쾌한 경험을 떠올리지 않도록 노력함으로써 실제로 덜 떠올리게 되는 것이다.

생각/생각 억제(Think/No-Think) 과제를 반복 수행했을 시 재생 성적

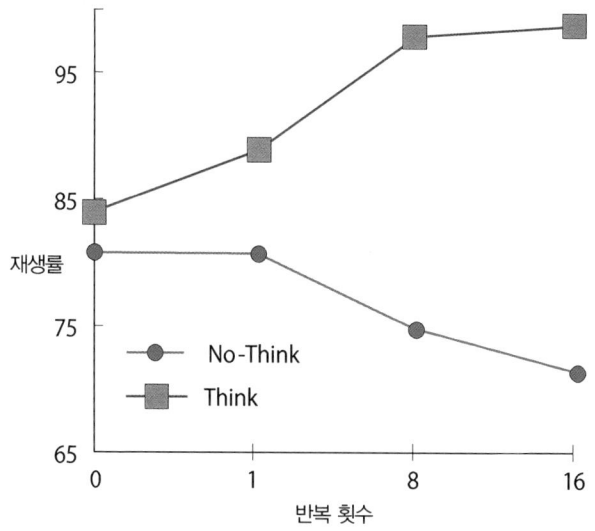

(Anderson & Green, 2001: 시미즈)

단어 쌍을 학습한 후 생각 과제 또는 생각 억제 과제를 부여한다. 각각 과제를 1회, 8회, 16회 부여하는 그룹을 만든다. 생각 과제에서는 단어 쌍 중 하나를 보여주면 다른 한쪽을 떠올리도록 지시한다. 생각 억제 과제에서는 단어 쌍 중 하나를 보여주면 떠올리지 않도록 지시한다.

마지막에 재생 테스트를 했을 때의 성적을 나타낸 것이 위 그래프이다. 그래프를 보면 분명하게 보이는데 생각 억제 과제에는 기억을 억제하는 효과가 있어 해당 과제를 반복할수록 망각이 진행됨을 알 수 있다.

음주 후 알코올로 인해 멍해져 기억이 잘 나지 않는 일은 주당이라면 이따금 겪는 일이다. 한편 술을 별로 마시지 않는 사람이 보기에는 주당들이 하는 말이 불리한 일은 술 탓으로 돌리며 기억나지 않는다고 하는 것 같아 못마땅하다. 과연 알코올로 인해 기억이 옅어지는 일은 실제로 일어날까?

알코올이 기억에 미치는 효과에 관해서는 심리 실험을 통해 검토된 바 있다. 그중 하나로 단어 12개가 나열된 목록 6개, 총 72단어를 기억하는 기억 실험이 있다. 그 결과 맨정신인 사람은 40단어 정도 기억한 데 비해 취한 사람은 30단어 정도만 기억할 수 있었다. 알코올이 기억을 방해하는 것은 사실로 보인다.

더욱 흥미로운 사실도 있다. 알코올은 이미 기억하는 일을 인출하는 기능보다 새로운 사안을 기억에 기록하는 기능을 방해한다고 한다. 정교한 부호화가 불가능한 등 알코올을 음용으로 인해 기억을 기록하는 작업이 방해받는다는 사실이 밝혀졌다. 술에 취한 사람이 옛날 일을 지겨울 정도로 이야기하길래 제정신인 줄 알았는데 막상 취했을 당시 기억은 전혀 남아 있지 않는 일이 일어나는 이유는 이 때문이다.

취하면 기억 수행 능력이 떨어진다는 사실은 목격자 증언 실험에서도 증명되었다.

알코올을 마신 사람과 그렇지 않은 사람을 대상으로 사전에 짜 놓은 절도 현장에서 우연히 만나는 심리 실험을 진행했다. 절도 현장에서 우연히 만난 직후 두 그룹에서 몇 명을 선정해 개별 면담을 시행해 목격한 사건에 대해 떠오르는 내용을 보고받았다. 그 결과 떠올리는 정보량에 명확한 차이가 보였다. 알코올을 마신 사람들이 떠올리는 정보량이 훨씬 적었다.

1주일 후에 모든 실험 대상자를 개별 면담해서 절도 상황에 관해 떠오르

알코올의 효과

단어 기억 실험

알코올을 마신 사람과 그렇지 않은 사람의 성적을 비교

↓

알코올을 마신 사람이 성적이 뚜렷하게 좋지 않음

목격자 증언 실험

사건이 일어났을 당시 알코올을 마신 목격자와 마시지 않은 목격자의 증언을 비교

↓

알코올을 마신 사람이 떠올리는 정보량이 더 적고 내용도 부정확

취한 사람이 옛날 일을 지겨울 정도로 이야기하고 또 할 때가 있다는 것을 통해 알코올은 예전 일을 회상하는 능력을 반드시 저해하지는 않는다는 점을 알 수 있음

알코올 음용은 새로운 사안을 부호화하는 기능을 특히 방해한다고 볼 수 있음

는 내용을 보고받았다. 더불어 라인업(얼굴 식별)을 통해 몇몇 인물 중에서 범인을 식별하도록 요구했다.

그 결과 취기가 사라져도 목격 시에 알코올을 마신 사람들은 마시지 않은 사람들보다 떠올리는 정보량이 뚜렷하게 적은 것으로 나타났다. 취기가 사라져도 떠올릴 수 있는 것은 아닌 것으로 보인다. 또한 라인업 실험에서는 목격 시에 알코올을 마신 사람들이 범인을 오식별(誤識別)하는 경우가 많았다. 범인이 아닌 사람을 범인으로 오인한 경우가 많았던 것이다.

이렇듯 취했을 당시의 사건은 기억에 잘 기록되지 않는다는 사실을 확인했다. '그때는 취해서 잘 기억나지 않아.' 등의 변명이 완전히 거짓은 아닐 수도 있다. 그렇다면 상대방이 취했을 때는 중요한 이야기를 하지 않는 편이 좋을 것이다. 애써 잘 이야기를 잘 마쳐도 상대방이 기억하지 못해서야 의미가 없다. 좋은 분위기였다고 막연하게 기억은 날 테니 술자리에서 친밀한 분위기를 형성하는 것은 좋다. 그러나 중요한 이야기는 그런 분위기를 서로 잘 떠올리면서 맨정신일 때 하는 것을 추천한다.

알코올 음용 시 잘 기록되지 않는 기억

기억이 몇 초만 유지되는 병리

'내가 병에 걸린 지 얼마나 되었지?'

'4개월 되었어.'

……

'그렇군. 나는 그동안 계속 의식이 없었던 게로군! 의식을 잃는 것이 어떤 느낌인지 부인은 알겠소? ……그러니까, 얼마나 지났다고?'

'4개월이야.'

(중략)

'나는 그동안 듣지도 보지도 생각도 못 했고, 느끼지도, 만지지도 못했어. 그래서 얼마나 되었다고?'

'4개월이야.'

'……4개월이라니! 마치 시체와 같았군. 그동안 전혀 의식이 없었으니까. 그래서 얼마나 지났지?'

'4개월이야.'

(デボラ・ウェアリング, 匝瑳玲子訳, 『七秒しか記憶がもたない男』, ランダムハウス講談社, 2009.)

바이러스성 발열과 두통으로 인해 중증 기억 장애를 앓게 된 남편과 그를 간호하는 아내의 대화이다. 조금 전에 일어난 일도 바로 잊어버리기 때문에 이러한 대화가 영원히 반복된다.

중증 기억 장애여도 일화 기억 기능만 소실되었고 의미 기억은 문제없이 유지되고 있어서 일상 대화를 하는 데 문제는 없었다. 물론 몇 초 전 대화조

차 잊는다는 점에서는 일상 대화에 지장이 발생하긴 하지만, 제대로 이해하고 말할 수 있었다.

또한 절차 기억도 유지되고 있어서 악보를 보면서 노래하거나 악기를 연주하는 등 음악 기능은 장애를 입지 않았다.

일화 기억이 소실되는 모습으로부터 기억 메커니즘을 단적으로 알 수 있다. 발병 이후 새롭게 기억에 기록하는 능력이 사라졌으므로 발병 후 일화는 전혀 기억할 수 없다. 이에 더해 최근 기억부터 사라지기 때문에 예를 들어 자신에게 자녀가 있다는 사실은 기억하고 있지만 이미 장성한 자녀를 그는 어린아이로 기억하고 있었다. 최근에 있었던 일은 아무것도 기억하지 못하지만, 어렸을 적 가족 이름은 정확히 기억하고 있었다. 자란 장소, 전쟁 중에 피난한 장소, 방공호가 있었던 위치 등 유아기 생활 관련 기억도 남아 있었다. 최근 알게 된 사람은 기억하지 못 해도 몇 년 전부터 알고 지낸 사람은 얼굴을 보면 지인이라고 인식할 수 있었다.

신기하게도 일화 기억 중에서도 구체적인 내용은 소실되어도 일반적인 내용은 가까스로 유지되고 있었다. 가령 자신이 결혼한 사실을 기억하고 있어도 결혼식 당일 기억은 없다. 자신이 음악가이며 지휘자인 것은 기억하고 있어도 콘서트 장소 등은 전혀 떠올리지 못했다.

전향성 기억상실과 역행성 기억상실

전향성 기억상실

발병 이후 경험한 사건에 대한 기억 장애
즉 새로운 일을 부호화하는 데 장애가 있음

역행성 기억상실

발병 이전에 경험한 사건에 대한 기억 장애
즉 과거에 부호화한 일을 인출하는 데 장애가 있음

코르사코프 증후군

대표적인 기억상실 장애에 코르사코프 증후군이 있다. 증상은 초조감, 불안정함, 의욕 저하, 작화증, 인식 장애 등이 있는데 특히 가장 핵심 부분이 기억 장애이다.
이 기억 장애의 특징은 발현 후 일화를 기억할 수 없는 전향성 기억상실과 발현 이전 기억을 떠올릴 수 없는 역행성 기억상실이 함께 나타난다는 점이다. 특히 역행성 기억상실은 시간 기울기가 존재해 최근 일화일수록 회상이 어려우며 먼 과거 일화는 비교적 쉽게 회상할 수 있다. 즉 증상이 발현한 이후의 사건과 발현 직전 사건을 회상하기 어려워진다.

제 4 장

기억력을 높이는 스킬

학교생활이나 사회생활, 일상생활을 보내면서 '기억력이 더 좋았더라면'이라는 생각을 한 적이 한두 번이 아니다. 그렇다면 정말로 효과가 있는 기억력 향상 스킬에는 무엇이 있을까? 제4장에서는 기억 메커니즘을 바탕으로 효과적인 스킬을 소개하겠다.

암기의 기본은 누가 뭐라 해도 시연, 즉 반복이다. 시연함으로써 단기 기억에서 장기 기억으로 보낼 수 있다.

전화를 걸 때 전화번호를 머릿속에서 되뇌거나 입으로 중얼거리면서 전화번호를 다 누를 때까지 기억해야만 할 때가 있다. 그때의 요령과 비슷하다.

전화번호처럼 일회성 정보는 바로 잊어도 무방하다. 하지만 더 오랫동안 기억에 정착하게 하고 싶다면 단순한 시연보다 다(多)채널을 활용한 시연을 하면 좋다. 다채널, 즉 오감을 총동원하는 방법이다.

예를 들어 이벤트 표어를 기억해야 하거나 회사의 경영 이념을 머릿속에 넣어야만 할 때 눈으로 읽고 속으로 읽어서 시연하는 것뿐 아니라 소리를 내어 귀에도 반복적으로 음향 효과를 준다. 또한 종이에 적음으로써 손 감각도 반복해서 자극한다. 가능한 한 다채널을 활용해 시연할 수 있도록 방법을 꾀해본다. 이를 통해 다양한 형태로 단서가 기억에 각인되므로 잘 잊지 않는다.

시연은 시간을 두고 이따금 반복하면 효과적이다. 몇 분 후에 시도해 보고, 한 시간 후에 시도해 보고, 몇 시간 후에도 시도해 보고, 자기 전에 시도해 보고, 다음 날 아침에도 시도해 본다. 이런 방식으로 점차 간격을 둬 보고 잊었다면 그때마다 시연을 몇 번이고 반복한다.

깨어 있으면 불필요한 정보가 유입되므로 애써 기억한 정보에 혼동이 발생하거나 기존 정보가 인출되기도 한다. 따라서 기억하면 바로 잠드는 것이 좋다는 사실은 심리학자 젠킨스와 달렌바흐의 실험을 통해 증명되었다고 제3장에서 소개했었다. 이 실험에서는 정보를 기억한 후에 깨어 있던 사람보다 바로 잠든 사람이 기억한 내용을 더 잘 떠올렸다.

하지만 수면은 기억과 관련해 불필요한 자극 유입을 막는 역할보다 더욱 적극적인 임무를 수행하고 있다는 사실을 알아냈다.

심리학자 로자 하이네(Rosa Heine)는 두 그룹을 대상으로 일련의 목록을 기억하는 과제를 부여했다. A 그룹은 이른 저녁 시간대에 기억한 후 다음 날 같은 시간에 기억 테스트를 시행했다. B 그룹은 자기 직전에 기억한 후 다음 날 자기 직전에 기억 테스트를 시행했다. 테스트 성적을 비교하니 자기 직전에 기억한 B 그룹이 성적이 더 좋았다.

두 그룹 모두 기억한 지 24시간 후에 기억 테스트를 진행했으며 만 하루의 생활 사이클을 보냈고 낮 시간대에 불필요한 자극이 다량 유입된 조건도 같다. 차이점이라면 기억한 후에 바로 잠들었는지다.

여기에서 알 수 있는 사실은 기억하고 바로 잠들면 기억에 정착하기 쉽고 다음 날 낮 시간대에 불필요한 정보가 유입되어도 간섭으로 인해 방해를 크게 받지 않는다는 점이다. 아무래도 수면에는 기억을 고정하는 기능이 있는 것으로 보인다.

A 그룹은…   B 그룹은…

결과 …B 그룹 이 더 잘 기억하고 있었음

기록하는 습관이 없었던 시대에 잊어서는 안 되는 중요한 사안을 기억하기 위한 기억술로서 무시무시한 방법이 사용된 적이 있다. 7세 무렵 아이를 선정해 기억해야 할 사안을 찬찬히 관찰하게 한 다음 강에 집어 던지는 방법이었다. 그로 인해 그 사안은 아이의 기억에 확실하게 각인되며 평생 잊지 않게 된다. 즉 수십 년에 걸쳐 그 일화 기억이 유지된다.

이는 강에 던져짐에 따라 강한 정서가 유발되어 기억 정착이 강화된 것으로 볼 수 있다.

독사를 봤을 때의 공포나 절벽에서 발을 헛디딜 뻔한 공포 등은 그 상황을 기억함으로써 위험에서 몸을 지킬 수 있다. 무엇인가에 성공했을 때의 기쁨이나 실패했을 때의 낙담도 그 조건을 기억함으로써 미래의 성공 및 실패 회피로 이어진다. 정서가 유발되면 기억이 정착하기 쉬워지는 것은 지극히 적응적 기능이라 할 수 있다.

실제로 정서가 환기됨으로써 기억이 정착하기 쉬워지는지를 확인한 실험이 있다. 이 실험에서는 '키스', '구토', '강간' 같은 강한 정서를 환기하는 단어와 '시험', '댄스', '돈', '사랑', '수영' 같은 그다지 강한 정서를 환기하지 않는 단어까지 총 8개의 단어와 한 자릿수 숫자를 쌍으로 묶어 기억하도록 했다. 실제로 '키스' 등의 3개 단어로 인해 강한 정서가 환기되었는지 확인하기 위해 생리학적 검사도 진행했다. 1주일 후에 기억 테스트를 시행한 결과 정서를 강하게 유발한 단어와 숫자의 조합을 더 잘 기억하고 있었다. 강한 정서가 기억을 강화한다는 사실을 과학적으로 입증한 실험이었다.

어렸을 때
야구를 보러
갔는데…

돌아오는 길에
엘리베이터가 고장 나서
30분 정도 갇혀 있었어…

그날 일은
잊을 수가 없더라.

내가 응원하던 팀이
이겨서 기분이
좋았는데,
엘리베이터가 갑자기
깜깜해지면서…

우리의 기억이 이야기 구조를 가진다는 점은 앞서 제2장에서 설명한 바 있다. 수업 중에 막상 기억해야만 하는 내용은 기억하지 못하면서 아무런 영양가가 없는 선생님의 잡담은 기억나는 것도 기억이 이야기 구조로 되어 있기 때문이다. 이를 활용하는 방법이다.

초등학생이나 중학생 시절을 떠올려 보자. 역사적 사건이 일어난 연도, 특정 숫자, 수학 또는 과학 공식을 외울 때 언어유희를 사용했을 것이다.

예를 들어 '임진왜란, 1592년', '에베레스트의 높이, 8,848m', '한라산의 높이, 1,950m' 등을 시연으로 기억해도 시험이 끝나면 금세 잊는다. 그러나 '전쟁이 났는데 이로구(159) 이(2)쓸 때가 아니다, 임진왜란', '한번(1) 구경(9) 오십(50)시오 한라산', '팔팔네팔(8848), 에베레스트'처럼 언어유희를 사용해서 기억하면 시험이 끝난 이후뿐 아니라 40년이 지나도 잘 잊지 않는다. 잊을 수 없을 정도로 기억에 강하게 각인된다. $\sqrt{2} = 1.414213$과 같은 무미건조한 숫자 나열도 '일사 일사가 둘일세'와 같이 언어유희로 기억하면 몇십 년이 지나도 잊지 않는다.

이러한 언어유희는 그야말로 기억이 가진 이야기 구조를 적극적으로 활용한 기억법이라 할 수 있다. 기억해야 할 내용에 어떻게든 머리를 짜내서 이야기 구조를 부여해 시연하면 확실하게 기억할 수 있다. 시연할 때 전쟁 중에 정치 싸움을 하는 조선 관료 모습, 한라산을 안내하는 제주도민의 모습을 그림 등 시각적으로 연상할 수 있다면 더욱더 효과적이다.

기억에 기록할 때 단순히 기계적으로 반복하는 얕은 유지 시연은 음향 효과로 인해 일시적으로 저장될 뿐이지만, 의미 부여나 연상을 활용한 깊이 있는 정교화 시연을 수행하면 장기에 걸쳐 유지된다는 사실은 제2장에서 설명했다. 기억에 확실하게 정착시키고 싶다면 의미 부여나 연상을 적극 수행해서 두뇌의 움직임을 총동원해 기억하는 방법이 효과적이다.

이와 관련해 '남자가 플라스틱을 샀다'와 같은 문장을 기억하는 과제를 부여하되 '왜?'라고 자문하는 기억법의 효과를 검증하기 위한 심리 실험이 진행되었다. 그 결과 '왜 이 남자가 그런 행동을 했는가?'라는 질문에 대한 답을 고민하게 함으로써 기억 성적이 향상된다는 사실을 확인했다.

단순히 보이는 글자를 기억하는 것이 아니라 기억해야 할 사안을 깊게 이해하며 기억하려고 함으로써 기억에 확실하게 기록된다.

단어 기억 실험 중 한 단어마다 연상되는 단어를 20초 동안 가능한 한 많이 제시하도록 하는 시도도 있었다. 연상어를 고민한다는 정교화를 요구한 것이다. 그 후 기명어(원래 기억해야 할 단어) 및 연상어를 합쳐서 먼저 떠오르는 순서로 답변하도록 했다.

그 결과가 다음 페이지 그래프이다. 기명어를 올바르게 떠올린 비율(정답률)을 연상어 개수별로 정리했다. 즉 연상어가 2개 이하만 제시된 기명어, 3개 제시된 기명어, 4개 제시된 기명어, 5개 이상 제시된 기명어로 분류해 각각의 평균 정답률을 산출했다.

이 결과를 보면 연상어가 5개 이상일 때 정답률이 가장 높았다. 5개 이상 연상어를 떠올리는 과정에서 정교화가 진행되어 기억이 촉진된 것을 알 수 있다.

단 그다음으로 정답률이 높은 그룹은 연상어 2개 이하인 경우다. 20초나

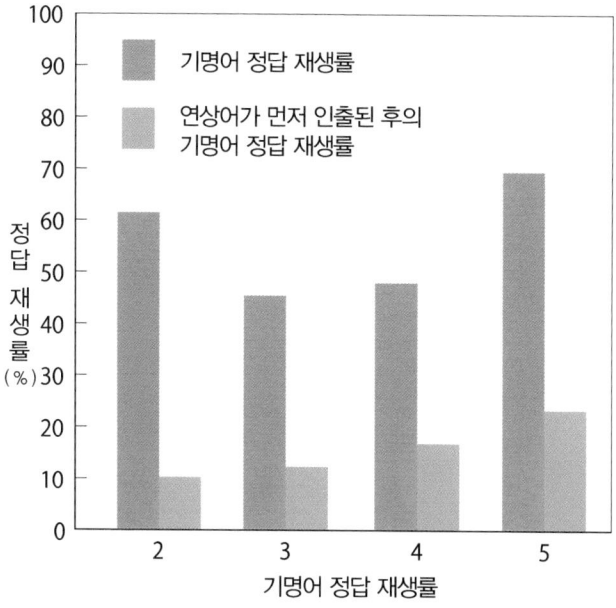

연상어 개수별 정답 재생률

(그래프)
- 세로축: 정답 재생률 (%) — 0, 10, 20, 30, 40, 50, 60, 70, 80, 90, 100
- 가로축: 기명어 정답 재생률 — 2, 3, 4, 5
- 범례: 기명어 정답 재생률 / 연상어가 먼저 인출된 후의 기명어 정답 재생률

(도요타, 1990 & 다카노, 1995)

단어를 기억하는 실험을 진행하면서 한 단어마다 20초 동안 그 단어에서 연상되는 단어를 가능한 한 많이 제시하도록 했다. 그 후 기명어와 연상어를 합쳐 먼저 떠오른 순서대로 재생하도록 한 결과가 위 그래프이다.

분홍색 막대그래프를 보면 연상어가 3개, 4개, 5개로 많아질수록 기명어 재생률이 높은 것을 알 수 있다. 이는 연상어가 많을수록 정교화가 진행되었음을 시사한다. 단 연상어가 2개 이하인 경우도 재생률이 높다. 이는 좀처럼 연상어가 떠오르지 않는 단어에 대해 깊이 고민한 것이 정교화를 촉진했다고 볼 수 있다.

있는데 연상어를 2개밖에 떠올리지 못했다는 것은 연상어를 찾기 힘든 단어였을 가능성이 높다. 이런 단어를 가지고 어떻게든 연상어를 떠올리려고 필사적으로 고민함으로써 정교화가 진행되었다고 추측할 수 있다.

또한 파란색 막대그래프에 주목해 보면 기명어를 직접 인출할 수 없어 (떠올릴 수 없어) 연상어가 먼저 인출되었고(떠올랐고), 이를 통해 본래 기명어를 정확하게 떠올린 비율이 연상어가 많을수록 높다. 연상어를 많이 생각해 낸 것이 후에 기명어를 떠올릴 단서가 늘어 실제로 회상을 도운 것을 알 수 있다.

교사나 상사의 설명을 자기 말로 바꾸면 기억에 정착하기 쉬운 것도 자신의 이해 구조에 따라 부호화했기 때문이다.

배우는 방대한 양의 대사를 완벽하게 기억해야만 하는 직업이다. 아마추어가 보기에는 어떻게 그 많은 대사를 외울 수 있는지 신기할 따름이다. 배우가 어떤 방식으로 대사를 외우는지 조사한 심리학자가 있다. 조사 결과 배우들은 자신이 맡은 배역의 성격, 즉 인물상을 깊게 고민하고 그 인물이 말하는 단어의 의미를 깊게 이해하려는 작업을 통해 대사를 기억해 나간다는 사실을 알아냈다. 프로 배우는 정교화 스킬의 달인이라고 할 수 있다.

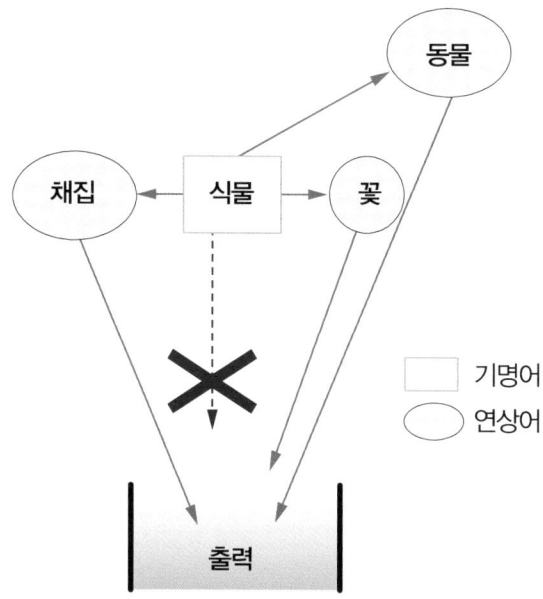

(다카노, 1995)

앞 페이지의 파란색 막대그래프를 보면 연상어가 많을수록 기명어 재생률이 높다. 이는 기명어를 직접 회상할 수 없을 때 연상어를 단서로 기명어를 찾아낸다는 메커니즘이 작동하고 있음을 보여준다.

그림처럼 '식물'이라는 기명어를 직접 떠올릴 수 없을 때 '동물', '꽃', '채집' 같은 연상어가 인출된 후 거기서부터 연상을 활용해 '식물'로 이어진다. 힌트가 되는 연상어가 많을수록 올바른 기명어를 찾아내기 쉽다.

작업 절차 설명을 들은 후에 '그러면 실제로 해봅시다.'라는 말을 들으면 '굳이 해보지 않아도 다 기억하고 있는데'라며 번거롭다고 생각할 때가 있다. 하지만 그렇게 실제로 해보는 행위를 소홀히 하면 실전 상황에서 '음? 어떻게 하는 거였지?'라며 혼동이 올 때가 있다.

실제로 해보는 행위화의 효과는 많은 심리 실험을 통해 검증되었다. 한 실험에서는 행위화를 통해 기억 성적이 20~30%나 향상되었다는 결과도 제시되었다. 또한 시간 경과에 따라 기억 내용 재생률은 떨어져 가는데 행위화를 활용하면 말로 기억했을 때보다 시간 경과에 따른 재생률 저하도 적은 것으로 나타났다.

행위화는 왜 이렇게나 효과가 있을까? 이와 관련해서는 여러 설이 있는데 가장 설득력이 있는 설명 중 하나가 다중 양식 부호화설이다. 이는 행위화하게 되면 여러 양식을 활용해 부호화가 이루어지므로 효과가 있다는 내용이다. 단어를 기억하는 경우라면 시각(글자를 읽음) 또는 청각(글자를 들음) 같은 단일 양식만 사용해 부호화한다. 그러나 행위화한다면 시각 정보, 촉각 정보, 신체 운동 정보 등의 다중 양식을 활용해 부호화가 이루어진다. 이에 따라 기억이 정착하기 쉽다는 것이다.

실제로 해보는 행위나 실습은 번거롭고 미련해 보인다고 생각하기 쉽지만, 그 효과는 심리 실험을 통해 증명되었으며 우습게 봐서는 득이 될 것이 없다.

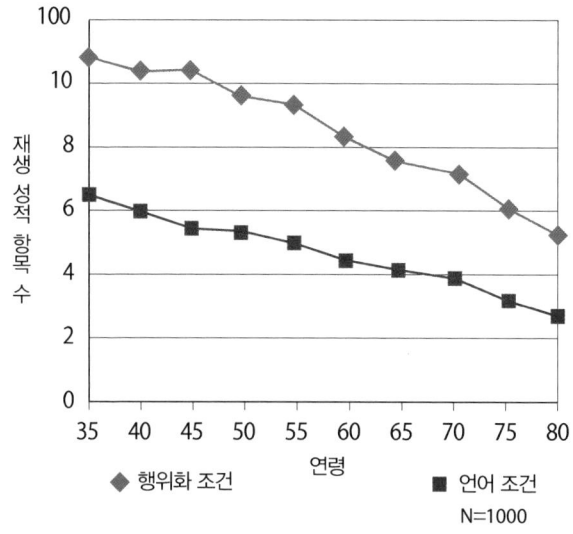

(마스모토, 2008)

언어적으로 설명해서 기억하는 방법이 언어 조건, 행위화도 포함해서 기억하는 방법이 행위화 조건이다.

그래프를 보면 행위화 효과는 명백하다. 35세부터 80세까지 모든 연령대에서 행위화 조건의 재생 성적은 언어 조건보다 월등히 높아, 거의 1.5~2배의 성적을 기록했다. 기억력이란 성인이 되고부터는 나이가 듦에 따라 떨어진다고 알려져 있는데 행위화를 활용함으로써 70대도 30대의 언어 조건과 거의 비슷한 수준의 성적을 보여준다.

해야 할 일이 여러 개라서 잊지 않도록 해야 할 때, 사람들 앞에서 발표할 내용을 외워야만 할 때는 메모가 가장 좋은 방법이다. 하지만 메모를 활용할 수 없을 때 효과적인 방법이라면 장소법을 들 수 있다.

기억력이 좋기로 유명한 한 러시아인은 마음속으로 고리키 거리를 상상하며 기억해야 할 사안을 그 거리에 있는 단골 가게에 하나씩 두고 오는 방법을 사용한다고 한다. 떠올릴 때는 상상 속 고리키 거리를 걸으면서 단골 가게에 하나하나 들러 두고 온 기억 내용을 차례차례 담아 온다고 한다.

이는 바로 2,000년도 더 전의 로마에서 활약한 웅변가 키케로의 기억술이다. 키케로는 연설 내용을 잘게 쪼갠 후 상상 속에서 산책했다. 산책 장소는 익숙한 궁전 등의 건물이며 이곳에 기억 내용을 두고 온다. 그리고 연설할 때 그 건물들을 상상하면서 웅변 내용을 차례대로 주워 온다고 한다.

이렇듯 잘 알고 있는 건물이나 거리에 연결하면서 기억하는 방법을 장소법이라고 한다. 발표해야 할 장소를 잘 알고 있거나 사전에 들어가 볼 수 있다면 그 장소를 활용하는 방법도 있다. 발표할 단상에서 바라봤을 때 보이는 사물들, 가령 옆쪽 출입구, 뒤쪽 출입구, 구석에 있는 보관함, 오른쪽 창문, 가운데 창문, 벽에 걸려있는 액자, 왼쪽 창문 등 눈에 바로 띄는 곳을 골라 이야기 내용을 주제별로 나눠서 차례대로 놓아둔다. 당일에는 강연장을 둘러보면서 차례대로 그 장소에 다시 찾아가면 된다.

다른 사람에게 이야기하면 강화되는 기억

다른 사람에게 이야기하면 잊어버리지 않는다고 하는데 정말일까? 많은 사람은 경험적으로 그렇게 믿고 있다. 경험에 뒷받침된 소박한 신념이라고도 할 수 있다. 그런데 심리학적으로 보더라도 다른 사람에게 이야기하는 행위는 부호화를 강화하는 기능이 있다.

우선 첫 번째로 다른 사람에게 이야기하면 이중 부호화가 이루어진다. 혼자 생각하거나 기억한 시점의 상황이 부호화되는 데 더해 이를 다른 사람에게 이야기하는 상황이 부호화되며 기억에 기록된다. 특히 자기 모습은 눈에 보이지 않지만, 상대방의 모습은 명확하게 보이므로 혼자 있었을 상황과는 달리 다른 사람에게 이야기하는 장면은 시각 영상으로 부호화된다. 즉 언어를 통한 음향에 더해 시각적으로 기억된다. 두 가지 이중 부호화가 이루어지는 셈이다.

두 번째로 다른 사람에게 이야기함으로써 기억 내용이 정교화된다. 예를 들어 내가 이번 프로젝트에서 중요하다고 생각하는 부분이나 미팅 자리에서 언급하고자 하는 내용, 발표에서 말하려고 하는 내용이 있다고 해보자. 이 내용을 다른 사람에게 이야기할 때는 그저 일방적으로 말하면 끝이 아니다. 상대방이 이해할 수 있도록 설명하지 못하면 대화가 성립되지 않는다. 질문을 받고 대답하고, 설명을 반복하고, 상대방이 이해할 수 있게 설명 소재나 논리를 재정비하는 등의 수고가 필요하다. 이 과정을 거치면서 정교화가 진행되고 이야기한 내용이 확실하게 기억에 박힌다.

생각하고 있는 내용이나 기억하고 싶은 내용은 가능한 한 다른 사람에게 전달하는 기회를 얻으면 좋을 것이다.

'이 이야기는 누구한테 들었지?'

'이 정보는 어딘가에서 읽은 것 같은데, 왜 읽었을까?'

'이 이야기는 들은 적이 있어. 어디서 들었지?'

이렇듯 기억하는 내용과 정보 출처가 분리되어 아무리 노력해도 정보 출처를 떠올리지 못할 때가 있다. 내용은 인상이 강하기 때문에 기억에 잘 남지만, 이를 어디서 입수했는지가 불분명한 경우가 많다.

정보원을 명확하게 하는 것을 출처 감시(source monitoring)라고 한다. 수많은 기억의 오차는 출처 감시의 혼란과 관련이 있다고 볼 수 있다.

'네가 그렇게 말했잖아.'

'난 그런 말 한 적 없어.'

와 같은 기억의 오차도,

'분명 그 서류에 적혀 있었어.'

'아니, 그런 내용은 적혀 있지 않아.'

와 같은 기억의 오차도 정보 출처를 착각하고 있는데 기인하고 있을 가능성이 크다.

심리학자 린제이와 존슨(Lindsay & Johnson)은 출처 감시 테스트를 고안해 사후 정보로 인한 기억 변화를 검토했다. 사후 정보로 인한 기억 변화란 그때 얻은 정보에 더해 후에 다른 곳에서 얻은 정보가 뒤섞여 기억이 바뀌게 되는 현상을 가리킨다.

이 정보 출처 테스트에서는 텍스트로 구성된 문장과 그림을 보여준 후 몇 가지 사물에 대해 '그림에만 존재', '그림과 텍스트 둘 다에 존재', '텍스트에만 존재', '그림과 텍스트 둘 다에 존재'의 4가지 선택지 중 알맞은 답을 고르도록 했다.

인지심리학자 로프터스(E. Loftus)는 목격자 증언의 왜곡을 드러내기 위한 일련의 실험을 진행했다. 이러한 목격자 증언의 왜곡에서 알 수 있는 사실은 바로 정보 출처 관련 기억이 지극히 흔들리기 쉽다는 점이다.

시골길을 하얀 스포츠카가 달리고 있는 영상을 보여준 후 스포츠카의 속도를 측정한다. 이때 절반의 실험 참가자에게는 '시골길을 달리던 하얀 스포츠카가 창고 앞을 통과했을 때 속도는 얼마였나요?'라고 묻는다. 나머지 절반의 실험 참가자에게는 '시골길을 달리던 하얀 스포츠카의 속도는 얼마였나요?'라고 묻는다.

그 후 모두에게 '아까 영상 속에서 창고를 보셨나요?'라고 묻는다.

그러면 하얀 스포츠카의 속도 질문 중에 '창고'라는 단어가 들어가 있던 그룹의 경우 17%가 '창고를 봤다'고 대답한다. 그에 비해 '창고'라는 단어가 없던 그룹의 경우 고작 3%만이 '창고를 봤다'고 대답했다.

실제로 영상 속에 창고는 없었다. 이 실험 결과는 사후 유도 질문으로 인해 목격자 증언이 왜곡되는, 즉 보지 않은 것을 봤다고 믿게 되는 현상을 증명한 것이다.

그리고 이 실험은 동시에 '정보 출처' 관련 기억이 얼마나 흔들리기 쉬운지도 시사한다. 영상을 본 후 '속도 질문'을 통해 부여된 '창고' 이미지를 '영상'에서 부여된 '창고 이미지'로 착각하고 있었다. 즉 '창고 이미지'의 정보 출처를 오인한 것이다.

그 결과 출처 감시 테스트를 수행함으로써 사후 정보로 인한 기억 변화가 잘 발생하지 않는다는 점을 확인했다. 즉 얻은 정보를 어디서 입수했는지를 확실하게 의식함으로써 기억 혼란이 일어나지 않게 된다는 것이다.

따라서 업무상 중요한 내용이나 혹시나 해 참고 목적으로 입수한 정보 등은 각각의 정보 내용을 메모하는 것뿐 아니라, 정보 출처도 확실하게 기재해야 한다. 'ㅇㅇ신문, ㅇ월 ㅇ일', 'ㅇㅇ방송, 프로그램명, ㅇ월 ㅇ일', 'ㅇㅇ에게 들음, ㅇ월 ㅇ일', 'ㅇㅇ기획서, 작성자, ㅇ월 ㅇ일'과 같이 정보 출처를 추가로 기재한다.

이때는 당연히 정보 출처를 기억하고 있으므로 새삼 메모할 정도가 아니라고 생각하기 쉽다. 그러나 실제로는 정보 출처 관련 기억이 날이 지날수록 옅어지면서 한참 후에도 떠올리지 못하는 일이 많다. 누구에게 들었는지 어디서 읽었는지 알 수 없게 된다. 여기에서 기억의 오차가 발생한다.

잡담 중에 발생하는 기억의 오차라면 '인간의 기억은 신기하네'라고 넘길 수 있지만, 비즈니스 자리에서 일어나는 기억의 오차라면 그냥 둘 수는 없다. 정보 출처를 메모하는 습관을 지니면 좋을 것이다.

출처 감시의 효과

외재적 기억 보조를 효과적으로 활용하기

우리는 잊지 말아야 할 때 외재적 기억 보조(external memory aid)를 활용한다. 자신의 머릿속에 기억하는 것만으로는 걱정이 될 때 활용하는 보조 기억 장치다.

초등학생 때 필자는 자주 깜빡해서 잘 안 지워지는 유성 매직이나 볼펜으로 손에 메모하는 방법을 종종 사용했다. 메모하더라도 메모를 보는 것을 잊으면 의미가 없지만, 손바닥이나 손등이라면 쉽게 눈에 띄기 때문에 떠올릴 가능성이 커진다.

해야 할 일을 기억하는 기억을 미래 계획 기억이라고 하고, 해야 할 행위 내용에 대해 정보를 주는 기능을 저장 기능, 해야 할 행위를 적절한 시점에 수행하게 하는 기능을 트리거 기능이라고 한다. 메모는 저장 기능, 타이머는 트리거 기능, 달력은 그 두 가지 모두를 담당하는 외재적 기억 보조라고 할 수 있다.

한 심리학자가 대학생을 대상으로 진행한 외재적 기억 보조 관련 조사에서 대학생들이 가장 자주 활용했던 방법이 '특별한 장소에 두기'였고 100%가 일상적으로 활용했다. 특별한 장소에 두는 행위는 무언가를 떠올려야만 할 때 마주할 것이라 예상되는 특별한 장소에 두는 방법이다. 외출할 때 가지고 나가는 것을 잊지 않기 위해 신발 위나 현관에 두거나 아침 먹는 식탁 위에 두는 등 특별한 장소에 두는 행위가 효과적이어서 이 방법이 가장 널리 활용되는 것으로 보인다.

그다음으로 많이 활용하는 방법은 '메모하기', '누군가에게 리마인드 부탁하기' 같은 방법으로 97%가 일상적으로 활용했다. 메모는 종잇조각, 노트, 수첩 등 다양한 메모 방법을 포함한다.

학생 시절과 다르게 실수가 용납되지 않는 사회인의 경우 학생보다 메모

대학생의 외재적 기억 보조 사용 빈도

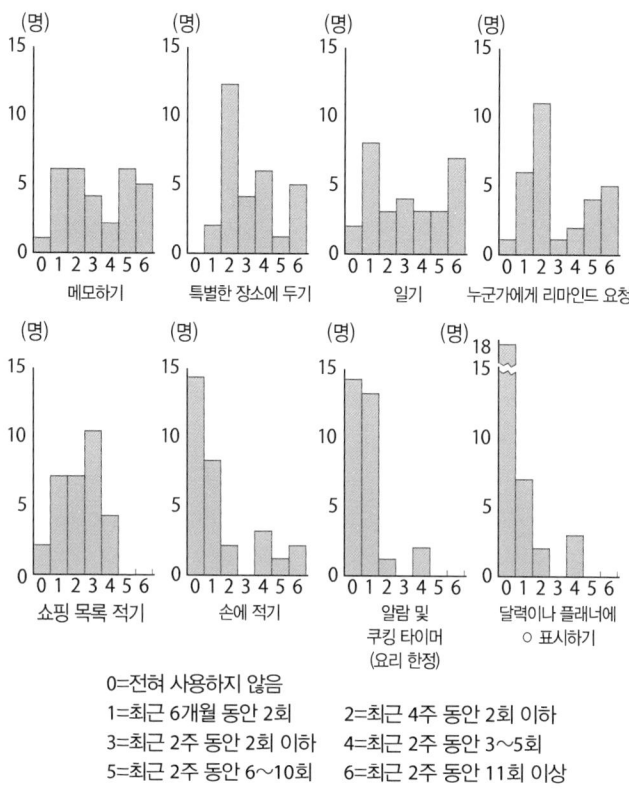

0=전혀 사용하지 않음
1=최근 6개월 동안 2회   2=최근 4주 동안 2회 이하
3=최근 2주 동안 2회 이하   4=최근 2주 동안 3~5회
5=최근 2주 동안 6~10회   6=최근 2주 동안 11회 이상

〈Harris, 1978: Neisser, 1989〉

학생들이 자주 사용하는 외재적 기억 보조는 '메모하기', '일기', '누군가에게 리마인드 요청' 등이 있는 것으로 확인했다. 다만 최근에는 스마트폰 알람 기능을 사용하는 등 외재적 기억 보조의 발달에 따라 사용 양식에 변화가 보인다.

를 더 많이 사용한다. 낱장 종이에 메모하면 분실하거나 보는 것을 잊을 우려가 있으므로 수첩은 필수품이다. 포인트를 표시할 포스트잇을 수첩에 붙이는 방법도 효과적이다.

최근에는 PC나 스마트폰을 사용해서 메모하는 방법도 자주 사용한다. IT 기기를 잘 다루는 사람에게는 편리한 방법이지만 PC 전원이 꺼지거나 스마트폰을 두고 나오면 볼 수 없다는 점이 문제가 될 수 있다. 약속 일시, 장소, 필요한 자료 등과 관련한 간단한 메모라면 PC나 스마트폰 없이도 간편하게 확인할 수 있도록 하는 편이 좋을 것이다.

누군가에게 리마인드를 부탁하는 방법은 외재적 기억 보조로 다른 사람을 활용하는 방법이다. 그 사람도 살아 있는 인간이므로 나와 마찬가지로 깜빡 잊을 때도 있다. 그런 면에서는 알람같이 확실하게 알려주지는 못하지만, 한 사람이 잊는 것보다는 두 사람이 동시에 잊을 확률이 적은 것은 확실하다. 사람에 따라 기억하는 내용과 잊는 내용이 다소 차이가 있다는 점은 일상 속 기억의 오차를 보면 쉽게 알 수 있다. 오차가 있는 한 외재적 기억 보조로서 다른 사람의 도움이 필요해질 가능성이 충분히 있다.

또한 '손에 적기', '알람 사용하기'와 같은 방법을 50% 이상이 상시 활용하고 있었다. '달력에 기록하기' 방법도 40%가 활용하고 있었다. 손에 적기는 다 큰 성인이 사용하기에는 썩 보기가 좋지는 않다. 가끔 업무 상대방이 손에 적는 모습을 목격하는데 아무래도 미숙한 인상을 줄 수밖에 없다. 메모는 웬만하면 손이 아니라 다른 도구에 적도록 하자.

급속도로 열어지는 기억

기억력 향상에 좋은 음식

은행나무 잎의 추출물이 기억력을 좋게 하는 효과가 있다거나 허브나 비타민 영양제를 먹으면 기억력이 좋아진다는 종류의 이야기들이 많지만, 과학적으로 증명되지는 않았다.

콩기름을 먹인 실험 쥐는 라드(lard, 돼지기름)를 먹인 실험 쥐에 비해 15% 기억력이 좋다는 결과도 있긴 하다. 이 실험을 보면 콩기름이 기억력 향상에 효과가 있다고 추측할 수 있다.

건망증과 관련이 있는 것으로 추정되는 호르몬도 발견되었다. 폐경 후 기억력 저하를 호소하는 여성이 많은데 폐경 여성에게 에스트로겐을 투여하면 기억력이 향상된다는 설이 있다. 에스트로겐 감소가 기억력 저하와 관련이 있다는 추정하에 에스트로겐을 투여했더니 효과가 있었던 셈이다.

'올레오일 에탄올 아미드'라는 소장에서 생성되는 지방산 일종을 실험 쥐에게 투여한 결과 기억력이 향상되었다는 보고도 있었다. 올레오일 에탄올 아미드로 인해 활성화된 지방 수용체를 차단하면 실험 쥐 기억 테스트 성적이 저하했다. 이를 통해 올레오일 에탄올 아미드는 인간의 기억력 향상에도 공헌한다고 볼 수 있다.

이렇게 보면 기억력 향상과 관련 있는 물질이 밝혀지고 있는 듯하지만, 아직 확실하게 증명된 것은 아니며 연구 단계에 있다고 할 수 있다. 하물며 기억력 향상에 도움이 되는 물질이 있는 식품 및 음료 개발까지 가려면 아직 한참 미래의 일이다. 현시점에서는 먹는 것에 의존하지 않고 꾸준히 노력하는 방법이 지름길이다.

먹으면 기억력 100배 향상!!
……이런 약이나 식품은 없을까?

이렇게나 영양제
종류도 많은데…

영양제 코너

철분　블루베리　DHA

아연　녹즙　칼슘

콩기름

올레오일
에탄올 아미드

콩기름

에스트로겐

꿀꺽
꿀꺽

그런 영양제는 아직 먼 미래
이야기. 꾸준히 노력하자!

제 5 장

암묵 기억은 발상의 보물창고
암묵 기억 활용하기

평소에는 의식 위로 드러나지 않는 암묵 기억. 하지만 이 암묵 기억으로 인해 우리는 일상생활을 문제없이 보내며 더 나아가 역사를 바꾼 위대한 발명과 발견을 이루었다. 마지막으로 제5장에서는 의식 아래에 있는 이 암묵 기억을 잘 활용하기 위한 스킬을 소개하겠다.

점화 효과란?

점화 효과 실험에서 자주 사용하는 방법이 단어를 완성하는 과제이다.

예를 들어 'ㅇ고ㅇ마', '술ㅇㅇ기', '휴ㅇ전ㅇ' 등 공백을 만들어 둔 단어를 보여주고 각각의 ㅇ를 채워서 단어를 완성하라고 해도 보통 금방은 떠오르지 않는다. 하지만 사전에 '군고구마', '술래잡기', '휴대전화'라는 단어를 슬쩍 보여주고 나면 'ㅇ고ㅇ마', '술ㅇㅇ기', '휴ㅇ전ㅇ' 등의 공백 단어 과제도 쉽게 완성할 수 있게 되며 처음보다 수월하게 수행할 수 있다.

이를 점화 효과라고 한다. 점화 효과에는 암묵 기억이 작용하고 있다고 볼 수 있다. 암묵 기억이 작용했다고 하는 이유는 당사자는 그 단어를 사전에 봤다는 기억이 없기 때문이다. 사전에 봤다는 기억은 잊었지만, 공백 단어 과제 완성을 촉진하는 형태로 회상에 영향을 미쳤다. 의식상으로는 기억하지 못하지만 과제 해결에는 영향을 준다는 점이 포인트다. 그렇기에 암묵 기억이 기능한다고 보는 것이다.

암묵 기억으로 인한 점화 효과를 조사하는 실험에서는 앞서 본 단어를 떠올리게 유도하지 않고 자극을 보고 처음 떠올린 단어를 대답하도록 요구한다. 즉 공백 단어 과제를 보고 이 단어가 무슨 단어인지 판단하는 과정에 암묵 기억이 작용하는 것이다.

암묵 기억과 명시 기억을 조사하는 실험도 진행했다. 실험 협력자를 A와 B의 두 그룹으로 나눠 A그룹에는 일련의 단어를 보여주고 나서 8분 후, 1주 후, 5주 후의 3번에 걸쳐 재인(再認) 테스트를 시행했다. 몇 가지 단어를 보여주면서 전에 봤던 단어인지 판단하는 테스트로 이는 명시 기억을 측정하기 위함이다.

B 그룹에는 일련의 단어를 보여주고 나서 8분 후, 1주 후, 5주 후의 3번에 걸쳐 단어 완성 테스트를 시행했다. 여기에는 전에 봤던 단어(구 항목)

본 기억이 없어도 암묵적으로 기억

와 새로운 단어(신 항목)가 섞여 있었다.

그 결과 단어를 보여준 직후인 8분 후에는 재인 테스트 성적이 상당히 좋다. '이 단어는 아까 본 단어'라고 알아챌 수 있는 것이다. 하지만 1주 후에는 재인 성적이 급격하게 하락해 3분의 1밖에 재인하지 못했고 5주 후에는 20% 이하만 재인할 수 있었다. 그러나 구 항목 단어 완성 테스트 성적은 5주 후에도 30%대를 유지하며 신 항목의 성적을 크게 웃돌았을 뿐 아니라 재인 테스트 성적도 크게 웃돌았다.

즉 5주 후에는 사전에 본 단어라고 알아챌 수 없는데 단어 완성 테스트의 힌트로서는 유효하게 기능하는 경우가 꽤 있다는 셈이다. 이는 그야말로 암묵 기억이 과제 해결에 공헌하고 있다는 사실과 점화 효과의 증거라고 할 수 있다.

이 실험은 암묵 기억은 명시 기억보다 오래 유지된다는 점을 시사한다. 일련의 단어를 보고 5주가 지나면 거의 잊게 되어 재인할 수 없게 된다. 반면 단어를 완성하는 암묵 기억 검사에서는 처음 보는 단어보다 5주 전에 기억한 단어가 성적이 좋다. 5주 전에 기억한 단어가 무엇인지 재인할 수 없다는 것은 그 단어를 전에 봤다는 기억은 의식 위에 남아 있지 않다는 뜻이다. 그런데도 5주 경과 후에도 점화 효과가 확인되었다. 이 사실은 암묵 기억이 명시 기억보다 잘 잊히지 않는다는 증거라고 볼 수 있다.

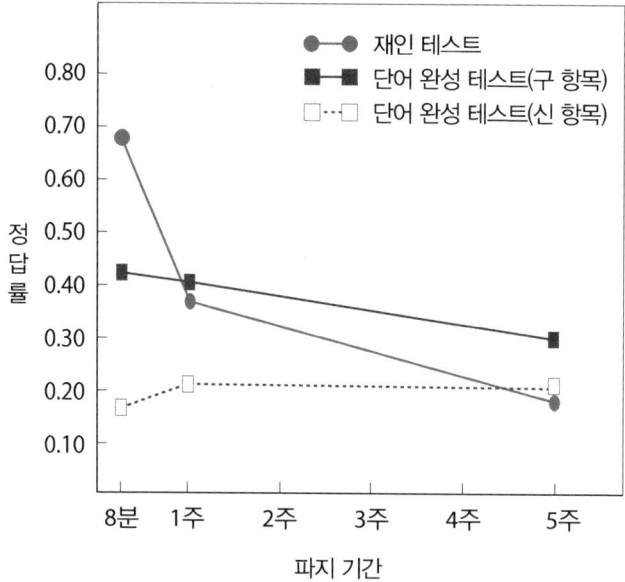

(Komatsu &Ohta, 1984: 다카노, 1995)

이 실험 결과에서 중요한 사실은 재인 테스트 성적이 1주일만 지나도 급격하게 하락해 5주 후에는 단어 완성 테스트(구 항목) 성적보다 뚜렷하게 낮다는 점이다. 처음에는 '이건 아까 외웠던 단어'라고 금방 알아채지만(약 70%), 5주 후에는 20%만 알아챘다. 하지만 5주 후 시점에 약 30%의 사람이 해당 항목의 단어를 올바르게 완성했다. 여기에는 암묵 기억이 영향을 미친 것으로 볼 수 있다.

자동화된 행동을 유도하는 암묵 기억

통학길이나 통근길은 날마다 반복하며 자동화되어 있어서 어느 역에서 내려야 하는지, 걷다가 어느 코너에서 꺾어야 하는지와 같은 행동은 일일이 의식하지 않아도 틀리지 않고 수행할 수 있다. 딴생각하다 보니 어느샌가 집 앞까지 와 있는 일도 자주 있다. 이럴 때는 암묵 기억이 인도해 준 것이다.

일상적인 통학·통근처럼 루틴화된 행동은 이렇듯 암묵 기억에 맡겨 두면 문제가 없다.

하지만 중간에 내려서 병원에 가야 할 때, 중간에 한 번 더 꺾어서 슈퍼마켓에서 장을 보고 돌아가야 할 때 등은 암묵 기억에 맡겨 두면 큰 실수를 할 수도 있다. 평소대로 하다가 내려야 할 역을 놓치거나 꺾어야 할 골목에서 꺾지 않는 등의 실수다. 평소처럼 이 생각 저 생각하면서 암묵 의식에 맡겨 놓고 있으면 얼떨결에 집까지 도착한 다음에서야

"맞다! 오늘 병원 가야 하는 날이었어. 지금 출발하면 늦겠는걸."

"슈퍼에 들렀어야 했는데. 냉장고가 텅텅 비었어."

와 같은 기운 빠지는 사태가 벌어진다.

평소와 다른 행동을 해야 할 때는 해야 할 일, 가야 할 곳에 대한 기억을 끊임없이 명시화해 확실하게 의식적으로 자기 행동을 제어해야 한다.

심리학자 코엔(G. Cohen)은 행동의 자동화로 인해 의도와 다른 행동을 하는 오류를 다음처럼 분류했다.

① 반복 오류 — 저장 실패
② 목표 전환 — 검증 실패
③ 누락 — 하위 단계 실패
④ 혼동 — 변별 및 행동 프로그램 실패

※ 이 삽화는 왼쪽에서 오른쪽으로 읽어주세요.

일본 대학생을 대상으로 이러한 오류를 일상적으로 어느 정도의 빈도로 겪는지 조사한 결과에 따르면 '누락'이 가장 많은 40%(예시는 다음 페이지), 다음으로 '목표 전환'이 29%로 많았다. '혼동'은 17%, '반복 오류'는 14%였다.

필자 또한 욕조 물이 계속 안 채워진다 싶어서 들여다보니 욕조 마개를 씌우지 않았다거나 토스트 굽는 데 오래 걸린다 싶어서 보니 플러그를 꽂지 않았다거나 하는 실수를 할 때가 있다. 이는 '누락'에 해당한다. 해야 할 일의 일부가 누락된 것이다. 마개를 씌우는 행위, 플러그를 꽂는 행위도 평소 의식하지 않고 행하는 경우가 많기에 이러한 실수가 이따금 발생한다. 평소와 절차가 달랐을 때 암묵 기억으로 인한 행동의 흐름이 바뀌면서 발생하기 쉬운 실수다.

퇴근길 도중에 있는 역에서 내리기 위해 일반 열차를 탔어야 했는데 평소처럼 급행을 타는 실수도 종종 한다. 이는 '목표 전환'에 해당한다. 앞에서 언급한 병원이나 슈퍼마켓 사례도 이에 해당한다.

이런 실수에서 알 수 있는 사실은 우리의 일상 행동 중 많은 부분이 무의식하에 이루어지고 있다는 점이다. 암묵 기억은 우리가 일일이 의식하지 않아도 행동할 수 있도록 도와주고 있다.

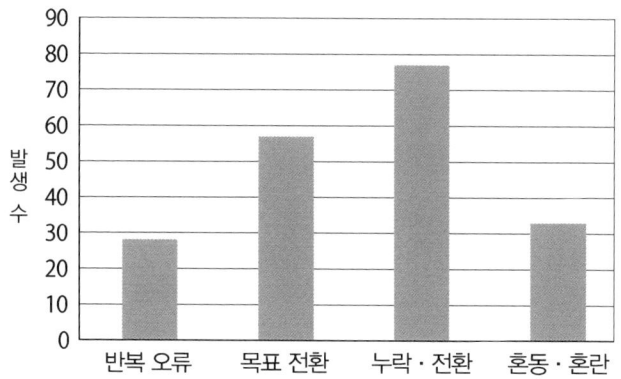

행동 자동화로 인한 오류 분류

(이노우에, 1999: 이노우에 & 사토, 2002)

반복 오류의 예시

'샤워하면서 머리를 감았는데, 깜빡하고 또 감음'

목표 전환의 예시

'퇴근길에 친구와 약속이 있어서 평소와는 다른 역에 내려야 하는데
평소 내리는 역에 내림'

누락 및 전환의 예시

'밥솥의 취사 버튼을 누르고 밥이 되기를 기다리고 있었는데
플러그를 꽂지 않음'

혼동 및 혼란의 예시

'호텔의 객실용 슬리퍼를 신은 채로 체크아웃함'

모두 저자 본인이 경험한 사례

수많은 발명과 발견의 탄생 배경에 존재하는 암묵 기억

암묵 기억은 평소에는 의식 위로 떠오르지 않는다. 하지만 꿈꾸고 있을 때처럼 의식의 제어가 약해져 의식과 무의식의 사이를 헤매고 있을 때 암묵 기억이 활약한다. 꿈이 발명 및 발견을 촉진하는 경우가 있는데 이 또한 암묵 기억의 영향이라고 할 수 있다.

고생물학자 스턴버그(Sternberg)는 박물관으로부터 오래된 식물의 잎을 찾는 의뢰를 받았다. 그는 어디에 가면 그 식물을 발견할 수 있는지 고민하다가 그만 잠들었다. 그때 그가 살고 있는 지역에서 수 킬로 떨어진 산기슭에 그 식물이 있는 꿈을 봤다. 이 꿈이 왠지 마음에 걸려 다음 날 아침 그 산으로 가 보니 실제로 그 식물이 그곳에 있었다.

이 신기한 현상에 놀란 스턴버그는 머릿속에서 여러 가지 생각을 하다가 최근에 그 장소에서 염소 사냥을 했던 기억이 떠올랐다. 야생 염소에게 조용히 접근하다가 무의식중에 발밑을 내려다봤을 때 흔하지 않은 식물이 자라고 있는 것을 봤다. 그러나 그때는 염소에 어떻게 하면 들키지 않고 접근할 수 있는지에 온 신경이 집중되어 있어서 금방 잊고 말았다. 그런데도 암묵 기억은 그 식물을 제대로 기억하고 있었다. 그 기억이 꿈에 나온 것이다.

화학자 케쿨레(F. A. Kekulé)의 벤젠 고리 구조 관련 발상도 꿈에서 활성화된 암묵 기억에서 힌트를 얻었다고 할 수 있다. 벤젠 화합물은 6개의 탄소 원자와 6개의 수소 원자의 화합물인데 24개의 결합선을 가진 탄소와 6개밖에 없는 수소의 결합선이 어떻게 결합하는지 알 수가 없었다.

어느 날 밤 케쿨레는 난로 앞에서 이 수수께끼에 몰입하다가 꾸벅꾸벅 졸기 시작했다. 이때 꾼 꿈에서는 원자가 날뛰다가 여러 개가 모이더니 긴 사슬이 서로 딱 붙어서 뱀처럼 똬리를 틀었고 한 마리의 뱀이 되어 제 꼬리를 물고 빠른 속도로 회전했다. 이때 벼락을 맞은 듯한 기분으로 눈을 뜬 케

쿨레는 이 꿈을 힌트 삼아 밤을 새워서 고민한 끝에 원자가 고리로 구성된 벤젠 고리 구조식을 발견해냈다.

케쿨레는 이 꿈의 일화를 독일 화학회 강연 중에 소개하며 꿈에서 배우자고 제안했다.

기억이 창조를 방해하는 듯한 발언이나 글을 볼 수 있는데 이는 기억이라는 정신 기능을 오해한 의견이다. 소재 없이 발상할 수 없고 기본 없이 응용할 수 없듯 무(無)에서는 아무것도 탄생하지 못한다.

고생물학자 스턴버그는 식물 관련 해박한 지식에 더해 어떻게든 그 식물을 찾아내겠다는 의지가 강했기 때문에 잠깐 보기만 한 식물에 대한 암묵 기억을 활용할 수 있었다. 화학자 케쿨레는 화학 결합과 관련한 지식이 풍부한 데 더해 화학 결합 구조를 풀기 위해 자나 깨나 집중하고 있었기에 소재를 새로운 형태로 조합한다는 힌트를 꿈속에서 얻을 수 있었다.

진전이 더딜 때는 무의식 속을 표류하는 것도 좋다. 암묵 기억이 활성화되어 평소 잊고 있던 기억 소재가 떠오르거나 상식에 얽매이지 않는 기억 소재의 조합에서 새로운 힌트를 얻을 수도 있다. 그곳에는 새로운 창조의 실마리가 있다.

꿈에서 힌트를 얻은 벤젠 고리 구조

과학자 케쿨레는 탄소 원자 6개와 수소 원자 6개로 이루어진 벤젠 화합물의 화학 결합을 푸는 난제를 껴안고 있었다. 탄소 원자 결합선은 총 24개인데 수소 원자 결합선은 6개밖에 없기 때문이다.

이 문제가 머리에서 떠나지 않은 채 졸기 시작한 케쿨레는 원자가 날뛰는 꿈을 꿨다. 수많은 원자가 긴 사슬을 만들고 사슬끼리 얽히고설키면서 뱀 같은 움직임을 보였다. 이때 한 마리의 뱀이 제 꼬리를 물고 빠른 속도로 회전하기 시작했다.

꿈에서 깬 케쿨레는 꿈속에서 원자가 사슬 모양을 하고 있던 점에 힌트를 얻어 탄소 원자 간 결합 중 3곳에 이중 결합을 만들어서 일렬로 연결했다. 그리고 각 탄소 원자에 수소 원자를 하나씩 연결했다.

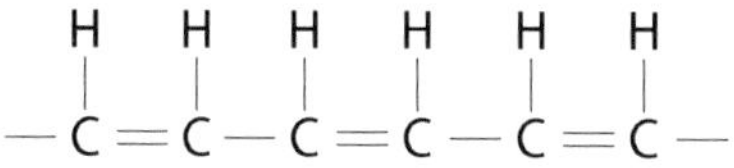

$$-\underset{|}{C}=\underset{|}{C}-\underset{|}{C}=\underset{|}{C}-\underset{|}{C}=\underset{|}{C}-$$

하지만 위 그림의 구조식을 보면 알 수 있듯 첫 번째 탄소 원자와 마지막 탄소 원자의 결합 대상이 비어 있다.

이때 꿈에서 뱀이 제 꼬리를 물고 있던 모습을 떠올리고 거기에서 착안해 첫 번째 탄소 원자의 비어 있는 결합선을 마지막 탄소 원자의 결합선과 이었다. 이렇게 해서 모든 원자 결합선이 이어졌다. 이것이 벤젠 고리 구조의 발견이다.

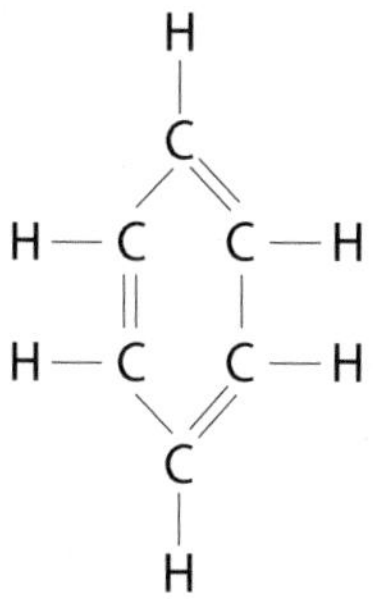

올바른 판단으로 이끄는 암묵 기억

성공한 사람들이 하는 이야기를 기억론적으로 풀어 보면 암묵 기억의 유효성을 주장하는 설이 많다.

예를 들어 마쓰시타 전기의 창업자인 마쓰시타 고노스케(松下幸之助)는 다음과 같이 이야기했다.

'직감이라고 하면 일반적으로 비과학적이고 모호한 것으로 생각한다. 하지만 수련에 수련을 거듭해서 생겨난 직감은 과학도 범접할 수 없는 정확성과 적확성을 지닌다. 인간이 갈고 닦는 수련의 진가가 여기서 나타난다.

세간에서 말하는 과학적 발견 및 발명도 과학자가 오랜 기간 수련해 얻은 뛰어난 직감을 바탕으로 한 것이 많다. 대부분 그 직감을 원리로 만들고 실용화하는 과정에서 탄생했다. 즉, 과학과 직감은 본래 절대 상반하지 않는 관계이다.'

(松下幸之助, 『道をひらく』, PHP研究所, 1968)

마쓰시타 고노스케가 직감이라는 단어로 표현했다면 교세라 창업자인 이나모리 가즈오(稲盛和夫)는 다음처럼 잠재의식이라는 단어로 표현했다.

'잠재의식을 활용하면 올바른 판단을 신속하고 쉽게 내릴 수 있습니다. 예를 들어 운전할 때, 커브의 정도나 속도에 따라 핸들을 얼마나 꺾어야 하는지가 달라집니다. 운전에 익숙해질수록 매 순간 무의식적으로 상황을 판단해서 핸들을 돌릴 수 있습니다. 이는 반복해서 수행함으로써 잠재의식 속에 패턴이 입력되고 순간적으로 기억을 불러와서 반응하

기 때문입니다.'

'인생에서 우리가 경험한 일들은 모두 잠재의식에 입력되어 있습니다. 그중에서도 매일 주의를 기울여 반복 수행한 경험, 또는 강렬한 경험은 실제 상황에 의식적으로 가져와 활용할 수 있습니다.

그러나 강렬한 경험은 스스로 얻고자 한다고 해서 반드시 얻을 수는 없습니다. 모든 일에 진지하게 고민하고 심혈을 기울여 반복해서 고찰하고 수행하는 것만이 잠재의식을 활용하는 유일한 방법입니다.'

(稲盛和夫,『心を高める、経営を伸ばす』, PHP研究所, 1989)

마쓰시타 고노스케가 직감을 동원하라고 한 이야기도 이나모리 가즈오의 잠재의식을 활용하라는 이야기도 지금까지 쌓아 온 경험이 담겨 있는 암묵 기억을 자극해 활용하라는 뜻이다.

현실에서 직면한 난제를 해결하기 위해 잠재의식을 활용하려면 암묵 기억을 풍부하게 쌓아야 한다. 이것이 마쓰시타 고노스케가 말하는 수련을 거듭하는 행위이며 이나모리 가즈오가 말하는 진지하게 주의를 기울여 반복해서 고찰하고 수행하는 행위이다.

일화 기억 속 자전적 기억이 문제 해결 능력과 관련이 있으며 자전적 기억 속 구체적 일화를 회상할 수 있는 사람일수록 문제 해결 능력이 높다는 점은 다양한 실험을 통해 증명되었다. 단 문제 해결 능력이나 발상력을 더 높이기 위해서는 자전적 기억을 풍부하게 만들어야 한다. 따라서 언어적으로 정리되지 않은 암묵 기억에도 평소에 주의를 기울여서 경험 지식을 축적해 나가야 한다.

이렇듯 성공한 자의 말에는 심리학적으로 보더라도 확고한 과학적 근거가 있음을 알 수 있다.

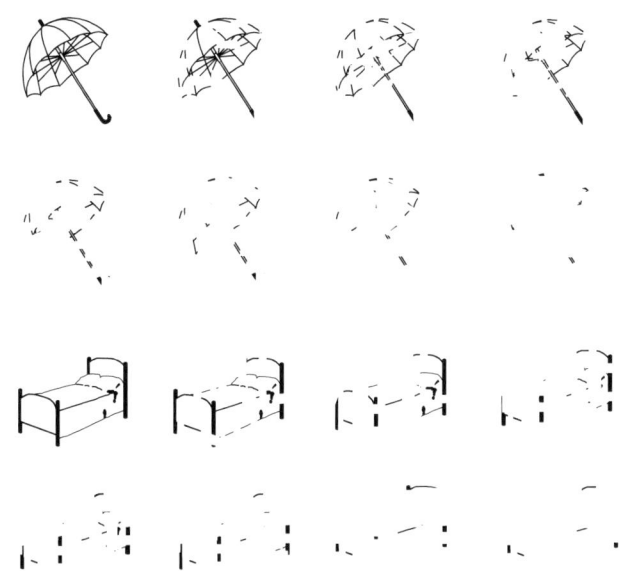

(Parkin & Streets, 1988: 오타&다지카, 2008)

완전한 우산 그림과 침대 그림이 왼쪽 위에 있고 오른쪽으로 갈수록 생략 부분이 많아져서 무슨 그림인지 알 수 없어진다. 하단으로 갈수록 생략 부분이 더 많아지면서 그림만 봐서는 무엇인지 전혀 알 수 없다.
하지만 사전에 완전한 그림을 봤다면 하단의 생략 부분이 많은 그림을 보더라도 무엇을 그렸는지 정확하게 판단할 수 있다.

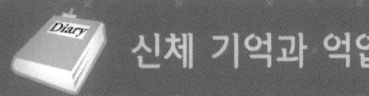

신체 기억과 억압

무의식을 발견한 것으로 알려진 정신분석학자 프로이트는 억압된 기억이 신경증 증상이나 신체 증상 같은 형태로 발현한다는 억압 이론을 주장했다. 정신분석 등은 아무런 근거도 없는 비과학적 속설에 불과하다고 치부하는 심리학자도 적지 않다. 하지만 임상 실천과 깊은 통찰을 바탕으로 구축된 정신분석 이론은 부분적이라 할지라도 현대의 과학적 심리학에서 증명되어 가고 있다.

프로이트의 연구에 큰 영향을 미친 인물은 선배 의사 브로이어의 환자였다. 이 환자는 유리컵에 담긴 물을 마실 수 없어 고민하고 있었다. 갈증이 심해져 겨우 물 한 잔 마시려고 하면 물컵이 입술에 닿자마자 놀란 듯 입술을 떼고 만다. 어쩔 수 없이 과일로 갈증을 달래고 있었지만 이렇게 된 원인을 알 수 없어 애를 먹고 있었다.

브로이어와 면담하던 어느 날 이 환자는 자신의 하녀에 대해 거친 말로 험담을 늘어놓았다. 그중에서도 하녀 방에서 키우던 개가 물컵으로 물을 핥아먹는 장면을 목격하고서는 큰 혐오감을 느꼈다고 이야기했다. 그녀는 원래 그 개를 싫어했다. 게다가 하필이면 사람이 사용하는 물컵으로 개가 물을 마시다니 용납할 수 없었다. 사실은 그 자리에서 격렬하게 비난하고 싶었다. 그러나 품성이 바르고 억제된 성격이 몸에 밴 그녀는 그렇게 격조 없이 화낼 수 없어서 마음속에 담아두게 되었다.

이렇게 의식에서 배제된 기억은 사라지지 않고 물컵으로 물을 마실 수 없는 신체 증상으로 나타난 것이다. 마음속 깊이 억압된 감정을 마음껏 토해낸 순간 그녀는 아무런 저항 없이 자연스럽게 눈앞의 물 한 잔을 비우고 증상은 사라졌다.

현재 의료 현장에서도 두통 등의 신체 증상을 호소하는 환자가 사실은

※ 이 삽화는 왼쪽에서 오른쪽으로 읽어주세요.

유아기 때의 끔찍한 기억이나 떠올리기에 너무나도 괴로운 기억을 억압하고 있는 예도 있다. 우울 증상이 있는 사람이 과일반화 기억을 가지듯 아버지에게 학대당했거나, 어머니에게 방치당했거나, 무슨 행동을 해도 이유 없이 혼났다는 등의 인상을 막연하게 가지고 있어도 구체적인 일화를 잘 기억하지 못하곤 한다.

그러한 구체적인 일화 기억에는 공포와 분노, 슬픔 등의 강한 정서가 동반되어 있어 프로이트식으로 말하자면 이를 억압하는 행위가 신체 증상 형성으로 이어지게 된다.

한 심리학자는 프로이트의 기억 억압은 진술 기억에만 해당하며 절차 기억은 억압되지 않고 항상 존재한다고 한다. 이 설명대로 억압되는 대상은 정서를 동반하는 일화 기억이다. 그 기억을 떠올리면 위협이나 불쾌감을 느끼므로 쉽게 떠올리지 않게끔 억압하는 것이다.

이에 따라 신체 증상이 형성되었다면 심리상담 등을 통해 억압된 기억을 떠올려 이야기함으로써 증상이 완화되거나 사라진다. 이런 사례는 억압된 기억이 통증이나 마비 등의 비언어적 형태의 신체적 기억으로 대신 유지되고 있었다고 볼 수 있다.

무의식으로 밀어내면 발생하는 신체 증상

정신분석학의 창시자 프로이트는 최면을 배우기 위해 베르넴(H. Bernheim)의 제자로 지냈다. 그는 최면 중에 부여한 명령을 각성 후에 자연스럽게 실행에 옮기게 되는 '후최면 암시' 실험을 목도하고 경악했다. 그때 일에 대해 프로이트는 자서전에서 다음과 같이 기술했다.

'나는 인간의 의식에 감추어진 강력한 정신적 과정이 존재할 수 있다는 데 상당히 강한 인상을 받았다.'

이렇게 해서 프로이트는 무의식의 심리학을 구상하기에 이르렀다.

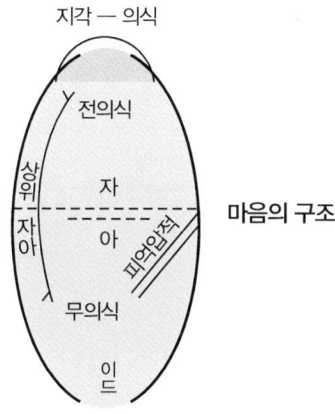

(Freud, S., 1932)

프로이트는 무의식으로 억압한 결과가 히스테리라고 봤다. 히스테리는 신경증의 일종으로 심리학적 원인으로 인해 신체 부위의 통증, 손발 감각 마비, 실명, 실성증(失聲症) 등의 신체 증상이 일시적으로 나타난다. 심리적인 원인이 제거되면 신체 증상도 사라진다. 따라서 이런 경우의 신체 증상은 마음의 갈등이 의식하에 억압됨에 따라 신체화된 것으로 볼 수 있다.

우울 증상이 있는 사람은 기억의 과일반화 경향이 있어 구체적인 일화를 잘 기억하지 못한다. 이러한 경향과 그렇게 될 수밖에 없는 이유에 관해서는 제1장에서 설명했다. 여기서 주목하고 싶은 부분은 우울 증상이 있는 사람들의 문제 해결 능력 저하와 기억의 관계이다.

일화 기억 중에서도 특히 자신과 관련한 일화 기억을 자전적 기억이라고 하는데 자전적 기억에는 문제 해결을 돕는 기능이 있다. 이런 상황에서는 이렇게 하니까 잘 풀렸고 이런 위기 상황은 이렇게 타개했다, 비슷한 상황에서 이렇게 했더니 실패해서 낭패를 봤다, 그 선생님께 상담해 봤지만 소용이 없었다, 그 상사는 이런 상황에서 힘이 되어 줬다 등 각각의 일화가 행동 지침을 만들어 준다.

자전적 기억에는 위의 예시처럼 '이런 상황에서 이렇게 했더니 이런 결과가 나왔다.' 같은 구체적인 일화가 가득 담겨 있다. 어떤 문제에 직면했을 때 과거의 비슷한 상황 속 일화를 모아서 이를 참고로 대응 방법을 고민하게 된다.

우울증이면 일반적으로 문제 해결 능력이 저하한다고 알려져 있다. 한편 우울 증상인 사람의 기억은 과일반화 경향이 있으며 구체적인 일화 기억이 부족하다. 그렇다면 우울 증상인 사람은 과일반화 기억만 가지고 있으며 불쾌한 일을 떠올리지 않기 위해 구체적인 과거 일화를 억압하고 있기에 문제 해결 능력이 저하된 것으로 생각할 수 있다.

이를 확인하기 위한 심리 실험도 진행되었다. 실험에서는 자살 미수 경험이 있는 환자를 대상으로 '갓 이사한 사람이 친구를 찾고 있다'와 같은 사회적인 과제를 제시하고 이를 해결하기 위한 수단을 제시해 보도록 했다. 그와 함께 감정어를 단서어로 삼아 자전적 기억을 회상하는 과제도 진행했

는데 이 과제에서 떠올린 일화의 구체성을 확인했다. 그 결과 회상한 자전적 기억의 과일반화 정도가 높은 사람일수록 문제 해결을 위한 유효한 수단을 생각해 낼 수 없다는 점을 확인했다.

실제로 사회적 문제 해결을 수행하도록 하는 실험도 시행했다. 이 실험에서는 과제 수행 중에 회상한 기억에 대해서도 보고받았다. 그 결과 과일반화 기억만 회상한 사람들은 유효한 해결 수단을 생각하지 못했다.

이처럼 구체적인 일화를 떠올리지 못하는 것이 주어진 과제에 대한 해결 능력 저하로 이어지고 있다는 사실을 증명한 바 있다.

우울 증상인 사람의 정서적 측면에 착안하면 기분이 침울해지고, 기력이 쇠하고, 냉정함을 잊은 상태이므로 문제 해결이 어렵다는 점도 충분히 고려해 볼 만하다. 그러나 이러한 실험 결과를 보면 구체적인 일화가 부족한 기억의 과일반화 경향이 문제 해결을 저해하고 있는 측면도 있음을 확인할 수 있다. 이때의 과일반화 기억이란 명시화된 기억을 말한다. 우울 증상이 호전되면 기억 억압이 해소되면서 암묵 기억에 갇혀 있던 구체적인 일화 관련 기억이 활성화되어 문제 해결 능력도 향상된다고 볼 수 있다.

자전적 기억

구체적인 일화 모음

이러한 상황에서 이렇게 했더니 잘 풀렸다 = **성공 사례**
이렇게 했더니 실패했다 = **실패 사례**

자전적 기억이란 이를테면 재판의 판례집 같은 존재
특정 상황에서 어떻게 하면 좋을지 판단하기 위한 힌트

우울 증상인 사람의 기억은 과일반화 경향이 있음

일반적인 기억만 가지며, 구체적인 일화 기억이 부족

'친구와 자주 놀았다'는 떠올려도
'A랑 근처 강가에 가서 물고기를 잡으면서 놀았다'
'B랑 공터에서 놀고 있을 때 뱀이 나와서 깜짝 놀랐다'
와 같은 구체적인 일화를 잘 떠올리지 못함

자전적 기억을 판례집으로써 효과적으로 활용할 수 없음

문제 해결 능력 저하

우울 증상인 사람의 문제 해결 능력 저하는 과일반화 기억 탓이라고 생각할 수 있다. 우리는 현재 정서와 어우러지는 과거 일화를 떠올리는 경향이 있다. 그렇다면 우울 증상인 사람은 기분이 침울해질 만한 불쾌한 일화를 떠올리기 쉽다는 뜻이 된다. 불쾌한 일화를 떠올리면 기분이 더 우울해진다. 그러한 부정적인 굴레에 빠지는 것을 막기 위해 우울 증상인 사람은 구체적인 일화를 잘 떠올리지 않게 된다. 이것이 우울 증상인 사람에게 특징적으로 나타나는 기억의 과일반화 증상이다.

과일반화 기억은 우울한 기분이 가속화되는 것을 막는 대신 구체적인 일화를 떠올리지 않게 되어 문제 해결 능력 저하를 가져온다.

< 주요 참고 도서 >

* Anderson, M.C., & Green, C., 『Suppressing unwanted memories by executive control』, Nature, 410, 2001, 366-369.

* Atkinson,R.C., & Shiffrin,R.M., 『Human memory : A proposed system and its control process. In K.W.Spence & I.T.Spence(Eds.), The psychology of learning and motivation : Advance in research and theory, Vol.2』, Academic Press, 1968, Pp.89-195.

* Atkinson,R.C., & Shiffrin,R.M., 『The control of short-term memory』, Scientific American, 225, 1971, 82-90.

* バートレット, 宇津木保・辻正三訳, 『想起の心理学』, 誠信書房, 1983.

* Blaney, P.H., 『Affect and memory : A review』, Psychological Bulletin, 99, 1986, 229-246.

* ボルヘス, J.L., 篠田一士訳, 『記憶の人フネス』, 現代の世界文学 伝奇集 集英社, 1975, Pp.115-126.

* Bower, G.H., 『Mood and memory』, American Psychologist, 36, 1981, 129-148.

* Bower, G.H., Gilligan, S.G., & Monteiro, K.P., 『Selectivity of learning caused by affective states』, Journal of Experimental Psychology : General, 110, 1981, 451-473.

* Bower, G.H., Monteiro, K.P., & Gilligan, S.G., 『Emotional mood as a context for learning and recall』, Journal of Verbal Learning and Verbal Behavior, 17, 1978, 573-585.

* Collins, A.M., & Loftus, E.F., 『A spreading activation theory of semantic processing』, Psychological Review, 82, 1975, 407-428.

* Collins, A.M., & Quillian, M.R., 『Retrieval time from semantic memory』,

Journal of Verbal Learning and Verbal Behavior, 8, 1969, 240-247.

* Craik,E.I.M., & Lockhart,R.S.,『Levels of processing : A framework for memory research』, Journal of Verbal Learning and Verbal Behavior, 11, 1972, 671-684.

* ドラーイスマ, D., 鈴木晶訳,『なぜ年をとると時間の経つのが速くなるのか』, 講談社, 2009.

* 榎本博明,『「自己」の心理学一自分探しへの誘い』, サイエンス社, 1998.

* 榎本博明,『〈私〉の心理学的探求一物語としての自己の視点から』, 有斐閣, 1999.

* 榎本博明,『はじめてふれる心理学』, サイエンス社, 2003.

* 榎本博明,『記憶はウソをつく』, 祥伝社新書, 2009.

* 榎本博明,『記憶の整理術』, PHP新書, 2011.

* 榎本博明,『つらい記憶がなくなる日』, 主婦の友新書, 2011.

* エビングハウス, H., 宇津木保・望月衛訳,『記憶について』, 誠信書房, 1978.

* Forgas, J.P., & Bower, G.H.,『Mood effects on person-perception judgements』, Journal of Personality and Social Psychology, 5, 1987, 53-60.

* Forgas, J.P., Burnham, D.K., & Trimboli, C.,『Mood, memory, and social judgements in children』, Journal of Personality and Social Psychology, 54, 1988, 697-703.

* フロイト, S., 古沢平作訳,『続精神分析入門』, フロイド選集第3巻, 日本教文社, 1953.

* ハリス, J.E., 外部記憶補助 ナイサー,U編, 富田達彦訳,『観察された記憶一自然文脈での想起(下)』, 誠信書房, 1988, Pp.393-399.

* 稲盛和夫,『心を高める、経営を伸ばす』, PHP研究所, 2004.

* 井上 毅, ヒューマンエラーとアクションスリップ 井上毅・佐藤浩一編著,『日常認知の心理学』, 北大路書房, 2002, Pp.36-50.

* 井上毅・佐藤浩一編著,『日常認知の心理学』, 北大路書房, 2002.

* 厳島行雄, 情動・ストレス 厳島行雄・仲真紀子・原聰,『目撃証言の心理学』, 北大路書房, 2003, Pp.23-31.

* 厳島行雄, 目撃証言 太田信夫・多鹿秀継編著,『記憶研究の最前線』, 北大路書房, 2000, Pp.171-196.

* ジェームズ, W., 今田寛訳,『心理学 上・下』, 岩波文庫, 1993.

* Jenkins,J.G., & Dallenbach,K.M.,『Oblivescence during sleep and waking』, American Journal of Psychology, 35, 1924, 605-612.

* 川口潤, メタ記憶のコントロール機能 一記憶の意図的抑制 清水寛之編著,『メタ記憶一記憶のモニタリングとコントロール』, 北大路書房, 2009, Pp.87-104.

* 川崎惠里子, 長期記憶II 知識の構造 高野陽太郎編,『認知心理学2 記憶』, 東京大学出版会, 1995, Pp.117-143.

* 川瀬隆千,『感情が記憶に及ぼす影響：研究のレビューと今後の展望』, 立教大学心理学科研究年報, 32, 1990, 28-42.

* 川瀬隆千,『日常的記憶の検索に及ぼす感情の効果一検索手がかりの自己関係性についてー』, 心理学研究, 63, 2, 1992, 85-91.

* 小林敬一,『展望的記憶にいかにアプローチするか？一研究の現状と課題ー』, 心理学研究, 39, 2, 1996, 205-223.

* 小林敬一, 太田信夫・多鹿秀継編著,『記憶研究の最前線』, 北大路書房, 2000, Pp.197-210.

* Laird, J.D., Wagener, J.J., Halal,M., & Szegda, M.,『Remembering what you feel：Effects of emotion on memory』, Journal of Personality and Social Psychology, 42, 1982, 646-657.

* Lewinsohn, P.M., & Rosenbaum, M.,『Recall of parental behavior by acute depressives, remitted depressives, and nondepressives』, Journal of Personality and Social Psychology, 52, 1987, 611-619.

* リントン, M. 日常生活における記憶の変形, ナイサー, U編, 富田達彦訳,『観察された記憶一自然文脈での想起(上)』, 誠信書房, 1988, Pp.94-111.

* Madigan, R.J., & Bollenbach, A.K.,『Effects of induced mood on retrieval of personal episodic and semantic memories』, Psychological Reports, 50, 1982, 147-157.

＊ マッガウ, J.L., 大石高生・久保田競監訳,『記憶と情動の脳科学 –「忘れにくい記憶」の作られ方』, 講談社ブルーバックス, 2006.

＊ 増本康平,『エピソード記憶と行為の認知神経心理学』, ナカニシヤ出版, 2008.

＊ 松下幸之助,『道をひらく』, PHP研究所, 1968.

＊ ミーチャム, J.A.とライマン, B., 将来の行為を行うための想起 ナイサー,U.編, 富田達彦訳,『観察された記憶―自然文脈での想起(下)』, 誠信書房, 1988, Pp.383–392.

＊ Meyer, D.E., & Schvaneveldt, R.W.,『Facilitation in recognizing pairs of words: Evidence of a dependence between retrieval operations』, Journal of Experimental Psychology, 90, 1971, 227–234.

＊ メゼンツェフ, B.A., 金子不二夫訳,『奇跡の百科 生物界の奇跡』, 東京図書, 1977.

＊ Miller, G.A.,『The magical number seven, plus or minus two : Some limits on our capacity for processing infomation』, Psychological Review, 63, 1956, 81–97.

＊ 内藤美加, 潜在記憶 太田信夫・多鹿秀継編著,『記憶の生涯発達心理学』, 北大路書房, 2008, Pp.60–73.

＊ Nasby,W., & Yando, R.,『Selective encoding and retrieval of affectivity valent information : Two cognitive consequences of children's mood states.』, Journal of Personality and Social Psychology, 43, 1982, 1224–1253.

＊ ナイサー,U., スナップ写真か水準点か? ナイサー,U.編, 富田達彦訳,『観察された記憶―自然文脈での想起(上)』, 誠信書房, 1988, Pp.51–58.

＊ Neisser,U., & Harsch,N.,『Phantom flashbulbs : False recollections of hearing the news about Challenger. In E.Winograd & U.Neisser(Eds.), Affect and accuracy in recall : Studies of 'flashbulb' memories.』, Cambridge University Press, 1992.

＊ Nyberg, L., & Nilsson, L.G.,『The role of enactment in implicit and explicit memory.』, Psychological Research, 57, 1995, 215–219.

＊ Nyberg, L., Backman, L., Erngrund, K., Olofsson, U., & Nilsson, L.G.,『Age differences in episodic memory, semantic memory, and priming : Relationships to demographic, intellectual, and biological factors.』, Journal of Gerontology：Psychological Sciences and Social Sciences, 51B, 1996, 234-240.

* 太田信夫, 潜在記憶 高野陽太郎編, 『認知心理学2 記憶』, 東京大学出版会, 1995, Pp.209-224.

* 太田信夫・多鹿秀継編著, 『記憶研究の最前線』, 北大路書房, 2000.

* 太田信夫・多鹿秀継編著, 『記憶の生涯発達心理学』, 北大路書房, 2008.

* 岡直樹 意味記憶, 太田信夫・多鹿秀継編著, 『記憶研究の最前線』, 北大路書房, 2000, Pp.67-97.

* 岡野憲一郎, 『脳科学と心の臨床 - 心理療法家・カウンセラーのために』, 岩崎学術出版社, 2006.

* Parkin, A.J., & Streete, S., 『Implicit and explicit memory in young children and adults.』, British Journal of Psychology, 79, 1988, 361-369.

* Peterson,L.R., & Peterson,M.J., 『Short-term retension of individual verbal items.』, Journal of Experimental Psychology, 58, 1959, 193-198.

* プライス, J.とデービス, B., 橋本碩也訳, 『忘れられない脳 - 記憶の檻に閉じ込められた私』, ランダムハウス講談社, 2009.

* ルリヤ,A., 天野清訳, 『ルリヤ 偉大な記憶力の物語ーある記憶術者の精神生活』, 文一総合出版, 1983.

* シャクター,D.L., 春日井晶子訳, 『なぜ、「あれ」が思い出せなくなるのか』, 日経ビジネス人文庫, 2004.

* 清水寛之編著, 『メタ記憶ー記憶のモニタリングとコントロール』, 北大路書房, 2009.

* 末永俊郎, 心理学の歴史 鹿取廣人・杉本敏夫・鳥居修晃編, 『心理学[第3版]』, 東京大学出版会, 1996, Pp.293-321.

* サトクリッフ, A.とサトクリッフ, A.P.D., 市場泰男訳, 『エピソード科学史Ⅰ 化学編』, 現代教養文庫 社会思想社, 1971.

* 高野陽太郎編, 『認知心理学2 記憶』, 東京大学出版会, 1995.

* 谷口高士, 感情と認知 井上毅・佐藤浩一編著, 『日常認知の心理学』, 北大路書

房, 2002, Pp.209-224.

* Teadale, J.D., & Fogarty, S.J., 『Differential effects induced mood on retrieval of pleasant and unpleasant events from episodic memory』, Journal of Abnormal Psychology, 88, 1979, 248-257.

* 豊田弘司, 長期記憶I 情報の獲得 高野陽太郎編, 『認知心理学2 記憶』, 東京大学出版会, 1995, Pp.101-116.

* 豊田弘司, 『記憶に及ぼす自己生成精緻化の効果に関する研究の展望』, 心理学研究, 41, 3, 1998, 257-274.

* Tulving, E., Schacter, D.L., & Stark, H.A., 『Priming effects in word-fragment completion are independent of recognition memory』, Journal of Experimental Psychology : Learning, Memory, and Cognition, 8, 1982, 336-342.

* ウェアリング, D., 匝瑳玲子訳, 『七秒しか記憶がもたない男』, ランダムハウス講談社, 2009.

* 山鳥重, 『記憶の神経心理学』, 医学書院, 2002.

하루 한 권, 기억

초판 인쇄 2023년 11월 30일
초판 발행 2023년 11월 30일

지은이 에노모토 히로아키
옮긴이 신재은
발행인 채종준

출판총괄 박능원
국제업무 채보라
책임편집 구현희 · 김민정
마케팅 문선영
전자책 정담자리

브랜드 드루
주소 경기도 파주시 회동길 230 (문발동)
투고문의 ksibook13@kstudy.com

발행처 한국학술정보(주)
출판신고 2003년 9월 25일 제 406-2003-000012호
인쇄 북토리

ISBN 979-11-6983-734-7 04400
      979-11-6983-178-9 (세트)

드루는 한국학술정보(주)의 지식 · 교양도서 출판 브랜드입니다.
세상의 모든 지식을 두루두루 모아 독자에게 내보인다는 뜻을 담았습니다.
지적인 호기심을 해결하고 생각에 깊이를 더할 수 있도록, 보다 가치 있는 책을 만들고자 합니다.